U0390826

图形图像处理 （Photoshop平台）

Photoshop CS3

职业技能培训教程

（中　级）

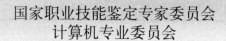

国家职业技能鉴定专家委员会
计算机专业委员会　编写

北京希望电子出版社
Beijing Hope Electronic Press
w w w . b h p . c o m . c n

内容简介

本书根据图形图像处理（Photoshop 平台）Photoshop CS3 中级考试大纲编写，主要内容有 Photoshop CS3 的基本操作、选区编辑、图像色彩调整、点阵绘图的相关工具及操作、图像修复修饰相关的工具及使用、矢量绘图工具的使用、图层效果的运用、常用特效滤镜介绍、文字特效的制作等，最后是综合实例，通过完整作品的制作来综合应用前面所学知识。本书各章的实例来自与本书相配套的试题汇编，可以使读者既学习了实例制作又能熟悉本模块的考试。

本书可供考评员和培训教师在组织培训、操作练习等方面使用，还可供广大读者学习图形图像处理知识和提高图形图像处理技能使用，也可作为普通高等院校、中等专业学校、技工学校、职业高中及社会培训机构进行图形图像处理技能培训与测评的首选教材。

为方便读者练习，全部的配套资源将在北京希望电子出版社微信公众号、微博，以及北京希望电子出版社网站（www.bhp.com.cn）上提供。

图书在版编目（ＣＩＰ）数据

图形图像处理（Photoshop 平台）Photoshop CS3 职业技能培训教程：中级 / 国家职业技能鉴定专家委员会计算机专业委员会编写. 一北京 ：北京希望电子出版社，2019.12

ISBN 978-7-83002-764-3

Ⅰ．①图… Ⅱ．①国… Ⅲ．①图象处理软件－技术培训－教材 Ⅳ．①TP391.413

中国版本图书馆 CIP 数据核字(2019)第 292743 号

出版：北京希望电子出版社
地址：北京市海淀区中关村大街 22 号
　　　中科大厦 A 座 10 层
邮编：100190
网址：www.bhp.com.cn
电话：010-82620818（总机）转发行部
　　　010-82626237（邮购）
传真：010-62543892
经销：各地新华书店

封面：张　洁
编辑：石文涛
校对：全　卫
开本：787mm×1092mm　1/16
印张：18.5
字数：439 千字
印刷：北京市密东印刷有限公司
版次：2023 年 7 月 1 版 4 次印刷

定价：48.80 元

国家职业技能鉴定专家委员会
计算机专业委员会名单

主 任 委 员：路甬祥

副主任委员：张亚男　周明陶

委　　　员：（按姓氏笔画排序）

丁建民	王　林	王　鹏	尤晋元	石　峰
冯登国	刘　旸	刘永澎	孙武钢	杨守君
李　华	李一凡	李京申	李建刚	李明树
求伯君	肖　睿	何新华	张训军	陈　钟
陈　禹	陈　敏	陈　蕾	陈孟锋	季　平
金志农	金茂忠	郑人杰	胡昆山	赵宏利
赵曙秋	钟玉琢	姚春生	袁莉娅	顾　明
徐广懋	高　文	高晓红	唐　群	唐韶华
桑桂玉	葛恒双	谢小庆	雷　毅	

秘 书 长：赵伯雄

副秘书长：刘永澎　陈　彤　何文莉　陈　敏

教材编委会名单

顾　　问：陈　宇　陈李翔

主任委员：刘　康　张亚男　周明陶

副主任委员：袁　芳　张晓卫

委　　员：（按姓氏笔画排序）

丁文花　马　进　王新玲　石文涛　叶　毅

皮阳文　朱厚峰　刘　敏　许　戈　李文昊

肖松岭　何新华　邹炳辉　张训军　张发海

张灵芝　张忠将　陈　捷　陈　敏　赵　红

徐建华　阎雪涛　雷　波

本书执笔人：肖松岭　豆玉杰

出 版 说 明

　　本书根据图形图像处理（Photoshop 平台）Photoshop CS3 中级考试大纲编写，主要内容有 Photoshop CS3 的基本操作、选区编辑、图像色彩调整、点阵绘图的相关工具及操作、图像修复修饰相关的工具及使用、矢量绘图工具的使用、图层效果的运用、常用特效滤镜介绍、文字特效的制作等，最后是综合实例，通过完整作品的制作来综合应用前面所学知识。本书各章的实例来自与本书相配套的《试题汇编》，可以使读者既学习了实例制作又能熟悉本模块的考试。

　　本书可供考评员和培训教师在组织培训、操作练习等方面使用，还可供广大读者学习图形图像处理知识和提高图形图像处理技能使用。

　　本书执笔人为肖松岭、豆玉杰，配套资源开发人员有朱厚峰、姜中华、王为、杨宁。

　　本书的不足之处敬请批评指正。

目 录

第1章 基础操作

Photoshop产品是数码图像效果及转换为其他应用场所的最佳工具。Photoshop CS3新增了智能滤镜、"快速选择"和"调整边缘"工具、智能滤镜、图层复合等功能，还包括简化的界面、优化的 Adobe Bridge、增强的消失点和黑白转换等。

根据国家职业资格认证教程的要求，本教材重点讲述软件的使用与操作功能，所述内容紧紧围绕着国家职业资格认证考试大纲与《图形图像处理（Photoshop平台）Photosohop CS3试题汇编》（以下简称《试题汇编》）相关技能要点的要求进行详解。实例讲解大多取材于《试题汇编》的相关内容。

全书共分为十章内容，从基础操作至综合实例形成完整作品设计过程。

章节	对应"试题汇编"单元	对应考核技能点	试题相关分数
第1章		基础操作	
第2章	第一单元	建立选区、选区编辑 选区修饰	15分
第3章	第二单元	编辑/调整、色相/饱和度 色调/对比度	10分
第4章	第三单元	设定画笔、绘画涂抹 图像修饰	15分
第5章	第四单元	编辑调整、图像修饰 修饰效果	10分
第6章	第五单元	绘制路径、路径编辑 效果修饰	10分
第7章	第六单元	创建图层、图层效果 图层编辑	15分
第8章	第七单元	图像编辑、滤镜特效 效果修饰	15分
第9章	第八单元	输入文字、文字编辑 文字变形 添加装饰	10分
第10章		综合实例	

本书导读：

如上所述，本书第2章～第9章所要求掌握的技能考核点分别对应《试题汇编》的第一单元至第八单元。第1章是基础知识和操作，以下各章将根据具体案例来讲解。先在"样题示例"中展示《试题汇编》中一道真实试题，并在"样题分析"中对如何解答这道试题进行分析，然后通过一些案例来详细讲解该章中涉及到的技能考核点，最后通过"样题解答"来讲解这道试题的详细操作步骤。

1.1 Photoshop CS3 桌面环境

双击桌面 Photo-shop CS3 快捷方式或执行"程序"内的 Photoshop CS3 命令打开 Photoshop CS3。

Photoshop CS3 新工作区域布置方式更有助于集中精力创建和编辑图像，如图 1-1 所示。

图 1-1 Photoshop CS3 界面

打开 Photoshop 后，执行"文件">"打开"命令，打开 Photosop\Samples 文件夹内的 Sun-flower.psd 向日葵图像。

Photoshop CS3 工作界面由以下几部分组成。

● 菜单栏：菜单栏共有 10 个菜单项。这些菜单是按主题进行组织的。例如图层菜单中包含用于处理图层的相关命令。

● 工具选项栏：用于显示当前被选择工具的选项设置，随着不同工具而相应变化。

 提 示：可随时通过在"窗口">"工作区">"默认工作区"，恢复 Photoshop 默认工作界面。

● 工具箱：用于选择、绘画、修饰、绘图和辅助几大类工具。

● 图像窗口：即显示图像的区域，用于显示、编辑和修改图像效果。

● 功能调板：用于配合图像编辑和 Photoshop 各个功能设置，每个调板可以相互切换、分离、组合。

● 状态栏：图像底部为状态栏，提供当前文档相关信息。

1.1.1 菜单命令

 提示：菜单栏的有些命令与调板的一些功能是相同（重复）的。具体使用时可根据每个人的操作习惯来处理。

包含 10 个不同功能的主菜单，使用鼠标单击该菜单选项（使用快捷键）即可执行命令，如图 1-2 所示，有些菜单内还包含子菜单。

如果某个菜单项呈暗灰色，表明该命令在当前编辑状态下不可用。

如果某个菜单项后面有"…"符号（例如"编辑"＞"填充"…），表明该菜单命令将打开对话框。

如果某个菜单项有快捷键方式（例如，拷贝 Ctrl＋C），表明可直接使用快捷键执行命令。

如果某个菜单项有 符号，表明此命令含有子菜单。

要切换菜单，在各菜单项上移动光标即可。

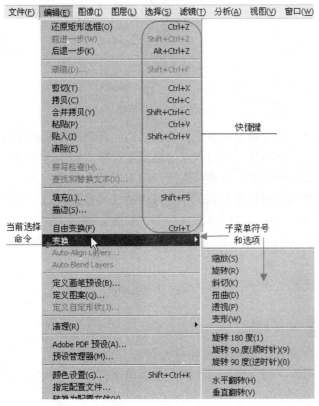

图 1-2　菜单命令栏

1.1.2 工具箱和选项栏

工具箱在屏幕的左侧，工具选项显示选项栏内，包含文字、选择、绘画、绘图、取样、编辑、移动、注释和查看图像等，如图 1-3 所示。单击工具箱的工具图标即可选择工具。工具图标右下方的小三角形 表示存在隐藏工具，将光标放在工具上稍许即显示工具名称和快捷键。

Photoshop 主要菜单与大多数软件相似，也包括"文件""编辑""视图""窗口"和"帮助"等功能相似的菜单。

提示：还有用来管理图像的"图像"菜单、图像分层管理的"图层"菜单、用来选择对象的"选择"命令、制作特殊效果的"滤镜"菜单等 Photoshop 独具的功能菜单。

技巧：单击工具箱顶部的 ，可调整工具双栏或单栏排列方式。

工具箱按"选择""绘画修饰""矢量绘图""窗口控制"等类别顺序进行排列。

提示：工具选项随所选择工具的不同而变化。

提示：可以对面板进行编组、堆叠或停放。

提示：默认工作区状态下，"导航器／直方图／信息"成组，"颜色／色板／样式"，"图层／通道／路径"成组。

提示：还包括有一些"历史记录""动作""工具预设""画笔""仿制源""字符""段落""图层复合"等功能调板。

提示：可以通过从"窗口"菜单中选择添加调板。很多调板都具有菜单，包含特定于调板的选项。

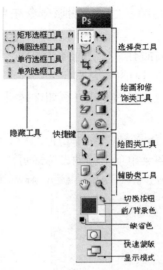

图 1-3　工具箱

工具参数设置显示在工具选项栏内，选项栏随所选择的工具不同而变化。选项栏一些设项（如绘画类的模式和不透明度）对于同类工具都是通用的，有些设置则专门用于某个工具。

可拖移选项栏移动到工作区域内的任何位置。在 Photoshop 中，一般将其停放在屏幕的顶部或底部，如图 1-4 所示。

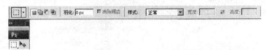

图 1-4　工具选项栏

1.1.3　功能调板

功能调板可帮助监视和修改图像。默认情况下，调板以组的方式堆叠在一起。Photoshop CS3 提供许多功能调板，如图 1-5 所示。

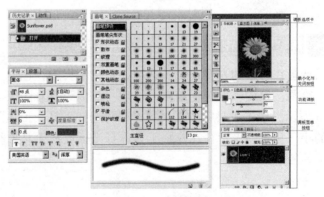

图 1-5　功能调板

功能调板需要时打开，不需要时则可将其隐藏，以免因控制调板遮住图像而给图像处理带来不便。要显示这些功能调板，可以从"窗口"菜单选择调板。也可根据需要拖移位置，并且还可重新组合。

1.1.4　图像窗口

图像窗口默认显示在视窗中心，根据屏幕显示模式不同，文档窗口包含标题栏和滚动条。可以打开多个窗口，打开图像文件的列表显示在"窗口"菜单中。计算机内存可能会限制图像文件的数量。

1．同一图像打开多个视图

打开同一图像的多个视图是为了更加方便地对照图像进行修改和编辑。如果已经打开一幅图像，执行"窗口">"排列">"为××新建窗口"命令，可以在两个图像窗口分别以不同比例来显示，这样既可查看局部放大效果，又可查看整体效果。对其中一个图像进行修改和编辑时，会马上反映到另一个图像窗口中，如图1-6所示。

图 1-6　同步图像窗口

2．复制图像

执行"图像">"复制"命令，也可以将图像（包括所有图层、图层蒙版和通道）进行复制，使用副本可以进行试验操作，原图不变，将效果图像与原图像进行比较，如图1-7所示。

提示：复制图像可选择"仅复制合并的图层"。

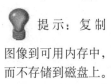

提示：复制图像到可用内存中，而不存储到磁盘上。

图 1-7　非同步图像窗口

3．排列多个窗口

当打开多个文档窗口后，屏幕会显得很杂乱。为了查看方便，就需要进行窗口排列。

● 执行"窗口"＞"排列"＞"层叠"命令，可显示堆叠的窗口，窗口在屏幕上从左上方到右下方叠放，如图 1-8 所示。

图 1-8　层叠窗口

● 执行"窗口"＞"排列"＞"拼贴"命令，以并排显示窗口，如图 1-9 所示。

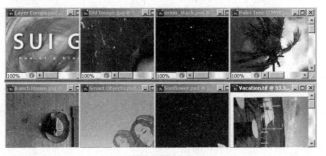

图 1-9　拼贴窗口

提示：选择"窗口"＞"排列"＞"匹配缩放和位置"。

技巧：选择缩放工具或手掌工具。选择其中一幅图像，按住 Shift 键，然后在图像的某个区域中单击或拖移该区域。其他图像将放大相同的百分比，并与单击的相应区域对齐。

● 执行"窗口">"排列">"排列图标"，可沿工作区域底部对齐最小化图像。

4．状态栏

状态栏位于图像窗口底部，主要用于显示图像处理的各种信息，如图 1−10 所示。

图 1−10　图像状态栏

百分比用于控制图像窗口的显示比例。图像文件信息区右边三角按钮菜单，从中可选择显示文件的不同信息。

1.2　辅助工具

Photoshop 图像辅助操作工具包括度量工具、缩放工具、手掌工具，还有网格、参考线等，掌握这些辅助工具可以提高图像的操作效率。

1．标尺

标尺可以显示当前光标所在坐标位置和图像尺寸，还可以准确地对齐对象和选取范围。

执行"视图">"标尺"命令，标尺显示在现用窗口的顶部和左侧。标尺标记显示光标移动位置，拖移更改标尺原点(左顶点0、0)可以从图像上的特定点开始测量，如图 1−11 所示，双击标尺的左上角原点还原到默认值。

图 1 11　使用标尺

2．测量工具

测量工具可测量任意两点之间的距离。当在两点间测量时，将绘制一条非打印线条，如图 1−12 所示，工具选项栏和信息调板显示相关信息，包括：坐标（X，Y），两点角度差（A）角度，

提示：单击状态栏中的文件信息区域，可以看到一个图像打印方式的缩览图预览。

提示：将指针放在窗口左上角标尺的交叉点上，然后沿对角线向下拖移到图像上。会看到一组十字线，产生标尺新原点。

技巧：可以在拖动时按住 Shift 键，以使标尺原点与标尺刻度对齐。

技巧：要将标尺的原点复位到其默认值，可双击标尺的左上角。

技巧：可以沿应为水平或垂直的图像特征拖出一条测量线，然后执行"图像"＞"旋转画布"＞"任意角度"命令。这时，拉直图像所需的正确的旋转角度将被自动输入到"旋转画布"对话框中。便于快速校正图像角度。

两点成线长度（D），XY 轴距离宽高（W，H）等。

图 1-12　使用测量工具

3．参考线与网格

参考线用来对齐物体，是浮在图像上但不被打印的直线。可以锁定参考线，以免不小心被移动，也可以移动、删除参考线。

在默认情况下网格也显示为非打印的直线，也可以显示为网点，网格与参考线的工作方式相似：

（1）执行"视图"＞"显示"＞"网格"命令。

（2）执行"视图"＞"显示"＞"参考线"，从水平或垂直标尺拖移即可创建参考线。

（3）执行"视图"＞"额外的"，显示或隐藏选项，如图 1-13 所示。

网格间距、参考线和网格的颜色及样式对于所有的图像都是相同的。

选择移动工具，将指针放置在参考线上（指针会变为双箭头）拖移参考线以移动它。

技巧：按住 Alt 键（Windows）Option 键（Mac OS），然后从垂直标尺拖动以创建水平参考线。

技巧：按住 Alt 键（Windows）或 Option 键（Mac OS），然后从水平标尺拖动以创建垂直参考线。

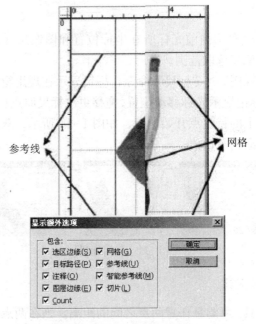

图 1-13　参考线与网格

4．缩放工具

缩放图像显示比例，易于局部细节编辑修改。缩放工具、缩放命令和"导航器"调板都可以按照不同倍数查看图像，还可以更改屏幕显示方式以改变工作区域的外观。

（1）选择缩放工具，光标将变放大镜，单击图像区域，图像便放大。拖画一个范围就可放大图像的某一部分，如图 1-14 所示。在拖画选框范围时，按住空格键可移动选框范围的位置。

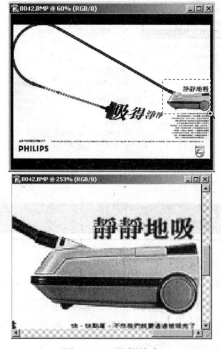

图 1-14　局部放大

（2）在导航器调板拖移滑块或单击双三角按钮缩放图像，也可在框中输入放大或缩小级别，如图 1-15 所示。

图 1-15　导航器调板

 技巧：按住 Shift 键并从水平或垂直标尺拖动以创建与标尺刻度对齐的参考线。拖动参考线时，指针变为双箭头。

双击工具箱中的缩放工具，可按 100% 的比例显示图像。

拖移手掌工具以查看图像的其他区域。

要在已选定其他工具的情况下使用手掌工具，可按住空格键转换。

技巧：选择手掌工具的"滚动所有窗口"选项，在一幅图像中拖动可以滚动查看所有可见的图像。

5．预置首选项

"编辑"＞"首选项"包括常规选项、文件处理选项、显示与光标选项、透明度与色域等，如图 1-16 所示，例如：Photoshop 文字工具输入文字的单位有像素、点和毫米供选用。

 技巧：异常行为可能将预置文件损坏，在 Windows 中，启动 Photoshop 时立即按住 Alt+Ctrl+Shift 组合键，单击 Yes 按钮，以删除 Adobe Photoshop 设置文件，下次启动 Photoshop 即可创建新的预置文件。

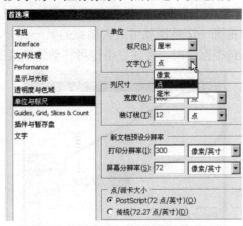

图 1-16　预置首选项

1.3　文件操作

使用 Photoshop 进行图像处理有很多方式，可以新建一个空白文件进行绘制；也可以打开一个已有的图像文件，在原有基础上进行编辑修改；还可以利用扫描仪、数码相机等输入设备来导入图像，对图像进行处理，产生具有各种艺术效果的电脑作品。

1.3.1　新建文件

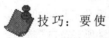 技巧：要使新图像的宽度、高度、分辨率、颜色模式和位深度与打开的任何图像完全匹配，可从"预设"菜单的底部选择一个参照文件名。

执行"文件"＞"新建"命令，打开新建文件对话框，如图 1-17 所示。

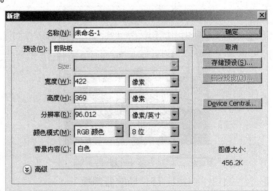

图 1-17　新建文件

在新建文件对话框中，可以设置文件名称、尺寸、分辨率、色彩模式及背景颜色。建立新文件后，用户就可以在新图像中进行绘画、绘图、输入文字等操作。

1.3.2　存储图像

在程序中绘制或处理图像完成后，可执行"文件"菜单的存储命令。

● 存储：存储当前文件所做的更改，保持当前格式存储文件。

● 存储为：以不同的位置或文件名存储图像，用来改变格式或位置保存图像文件，如图 1–18 所示。

● 存储为 Web 所用格式：存储用于 Web 的优化图像。

图 1–18　"存储为"对话框

● 指定文件名称和保存位置。

● 存储选项：选项可用性取决于存储图像和所选的文件格式。例如，如果图像不包含多个图层，或所选文件格式不支持图层，则"图层"选项呈灰色。

● 格式：包括 PSD、TIFF、JPEG 等，不同的文件格式表示不同的信息表达方式，例如作为像素还是作为矢量、压缩图像数据的方式以及是否支持 Photoshop 的图层、通道功能。

● Photoshop 格式：Photoshop 格式（PSD）是新建图像的默认文件格式，且是唯一支持所有可用图像模式（位图、灰度、双色调、索引颜色、RGB、CMYK、Lab 和多通道）、参考线、

提示：与其他软件的存储方式基本相似，只是 Photoshop 具有本身独有的文件格式而已。

提示：新建文件执行"文件">"存储"／"存储为"命令，都会打开"存储为"对话框。

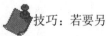
技巧：若要另拷贝图像不改变原图像，可勾选"作为副本"选项。若要将图像的临时版本存储到内存中，可使用"历史记录"调板创建快照。

Alpha 通道、专色通道和图层（包括调整图层、文字图层和图层效果）的 Photoshop 专用格式。

● Photoshop EPS：压缩 PostScript（EPS）语言文件格式可以同时包含矢量图形和位图图形，并且几乎所有的图形、图表和页面版面程序都支持该格式。EPS 格式用于在应用程序之间传递 PostScript 语言图片。当打开包含矢量图形的 EPS 文件时，Photoshop 栅格化图像，将矢量图形转换为像素。EPS 格式支持 Lab、CMYK、RGB、索引颜色、双色调、灰度和位图颜色模式，但不支持 Alpha 通道。EPS 支持剪贴路径。桌面分色（DCS）格式是标准 EPS 格式的一个版本，可以存储 CMYK 图像的分色。使用 DCS 2.0 版的格式可以导出包含专色通道的图像。若要打印 EPS 文件，必须使用 PostScript 打印机。

● GIF：图形交换格式（GIF）是在 Web 网页及其他联机服务上常用的一种文件格式，用于显示超文本标记语言（HTML）文档中的索引颜色图形和图像。GIF 是一种用 LZW 压缩的格式，用于最小化文件大小和电子传输时间。GIF 格式保留索引颜色图像中的透明度，但不支持 Alpha 通道。

● JPEG：用于显示超文本标记语言（HTML）文档中的照片和其他连续色调的图像。JPEG 格式支持 CMYK、RGB 和灰度颜色模式，但不支持 Alpha 通道。与 GIF 格式不同，JPEG 保留 RGB 图像中的所有颜色信息，但通过有选择地扔掉数据来压缩文件大小。JPEG 图像在打开时自动解压缩。压缩的级别越高，得到的图像品质越低；而压缩的级别越低，得到的图像品质越高。在大多数情况下，（最佳）品质选项产生的结果与原图像几乎没有分别。

● PNG：PNG 格式可以用于网络图像。但它不同于 GIF 格式图像只能保存 256 色，PNG 格式可以保存 24 位的真彩色图像，并且具有支持透明背景和消除锯齿边缘的功能，可以在不失真的情况下压缩保存图像。但由于 PNG 格式不完全支持所有浏览器，且所保存的文件较大影响下载速度，所以在网页中使用要比 GIF 格式少得多。

● PDF：便携文档格式（PDF）是一种灵活的、跨平台、跨应用程序的文件格式。基于 PostScript 成像模式，PDF 文件精确地显示并保留字体、页面版面以及矢量和位图图形。另外，PDF 文件可以包含电子文档搜索和导航功能（如电子链接）。

● Targa：TGA（Targa）格式专门用于使用 Truevision 视频卡的系统，并且通常受 MS-DOS 颜色应用程序的支持。Targa 格式支持 24 位 RGB 图像（8 位 ×3 颜色通道）和 32 位 RGB 图像（8 位 ×3 颜色通道外加一个 8 位 Alpha 通道）。Targa 格式也

提示：

Photoshop 格式（PSD）是默认的文件格式，Photoshop 特有的功能格式。在 Adobe 产品之间，其他应用程序可以直接导入 PSD 文件并保留许多 Photoshop 功能。

提示：也可以使用"存储为 Web 和设备所用格式"命令将图像存储为一个或多个 GIF 文件。

提示：一些应用程序可能无法读取以 JPEG 格式存储的 CMYK 文件，可尝试在不带缩览图预览的情况下存储该文件。

支持无 Alpha 通道的索引颜色和灰度图像。以这种格式存储 RGB 图像时，可以选取像素深度。

● TIFF：标记图像文件格式（TIFF）用于在应用程序和计算机平台之间交换文件。TIFF 是一种灵活的位图图像格式，几乎受所有的绘画、图像编辑和页面版面应用程序的支持。而且，几乎所有的桌面扫描仪都可以生成 TIFF 图像。TIFF 格式支持具有 Alpha 通道的 CMYK、RGB、Lab、索引颜色和灰度图像以及无 Alpha 通道的位图模式图像。Photoshop 可以在 TIFF 文件中存储图层，但是，如果在其他应用程序中打开此文件，则只有拼合图像是可见的。Photoshop 也可以用 TIFF 格式存储注释、透明度和多分辨率金字塔数据。

关于图像色彩模式内容详见光盘"附录 A 色彩模式 .pdf"文件。

1.3.3　打开文件

在 Photoshop 中，打开和导入不同文件格式的图像，可执行"文件">"打开"命令，对话框如图 1-19 所示。

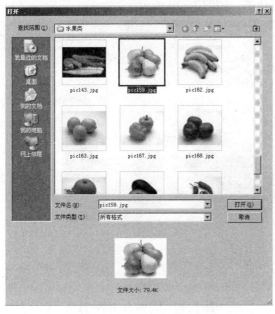

图 1-19　"打开"对话框

如果文件可能存在 Photoshop 无法确定的格式，例如，在 Mac OS 和 Windows 之间传输文件可能会导致错误的解释文件格式，可使用"文件">"打开为"命令。

Photoshop 是一个位图软件，但也支持矢量图功能，压缩 PostScript（EPS）格式表示矢量和位图数据，并且受所有图形、插图和页面排版程序软件的支持。可生成 PostScript 图像的

提示：若要让 Photoshop 在存储带有多个图层的图像之前提示，可在"首选项"对话框的"文件处理"区域选择"存储分层的 TIFF 文件之前进行询问"。

提示：可以使用"打开"或"最近打开文件"命令来打开文件，也可以通过 Adobe Bridge 来打开图像文件。

提示：将
Illustrator 图片导
入 Photoshop 时，
可以（尽可能）保
留其图层、蒙版、
透明度、复合形
状、切片、图像映
射及可编辑类型。
在 Illustrator 中，
将以 Photoshop
（PSD）文件格式
导出图片。如果
Illustrator 图片包
含 Photoshop 不支
持的元素，将保留
图片的外观，但会
合并图层并将图片
栅格化。

Adobe 应用程序包括 Adobe Illustrator、Adobe Dimensions 和 Adobe Streamline。当打开包含矢量图片的 EPS 文件时，可将其栅格化——数学上定义的矢量图片的直线和曲线转换为位图图像的像素或位。

使用"文件">"置入"命令、"粘贴"命令和拖放功能可将 PostScript 图形导入 Photoshop 中。

1.3.4 获取图像

1. 从数码相机获取图像

Photoshop 可以与数码相机软件协同工作，因此，可以从数码相机中直接导入照片。在使用数码相机导入照片之前，请确保数码相机的连接软件和驱动程序已经正确安装。

单击视窗右上角 Bridge 按钮，可快速浏览查看图像文件。其中 Camera Raw 打开文件选项具有曝光、修复、补光转换到灰阶基本调整，还有色调曲线、细节、分离色调、镜头校正、相机校准和等预设功能，如图 1-20 所示。

图 1-20 Camera Raw 选项

2. 扫描图像

扫描图像之前，确保已安装了扫描仪所需的软件。为确保获得高品质的扫描效果，应预先确定图像要求的扫描分辨率和动态范围。这些准备步骤还可以防止由扫描仪造成不必要的色偏。

执行"文件">"导入">"Wia 支持"，启动扫描程序，Twain 标准允许应用软件与硬件之间进行直接通信，还支持摄像机和数码相机等。

不同的扫描仪提供的功能有所不同，但大多数扫描仪都提供选择色彩模式、缩放工具、分辨率设置、预扫和裁剪等功能。

设置完成，就可以执行扫描命令将图像扫描导入到 Photo-shop 中。

扫描图像与新建图像文件一样是未经保存的，还需要执行"文件">"保存为…"命令将扫描图像保存起来。

提示：如果扫描仪的名称未显示在子菜单中，则请验证软件和驱动程序是否已正确安装，以及该扫描仪是否已连接。

1.3.5 关闭文件或退出

当图像编辑修改工作完成，就可以在保存后将该文件关闭。单击图像窗口标题栏右上角的 ⊠ 关闭按钮，或执行"文件">"关闭"/"关闭全部"/"关闭并转到 Bridge"命令，则将关闭当前文件。

1.4 分辨率和图像大小

1.4.1 分辨率

1．像素

像素是用来表现图像的亮度和色彩变换的一个点，当对图像放大时，图像的边缘锯齿是由很小的正方形方格构成的，其中的每个方格就是一个像素，如图 1-21 所示。

像素是构成位图图像的最小元素。同一幅图像的像素大小是固定的。图像质量的好坏跟每英寸上有多少像素（即分辨率）有关。

像素的属性包括像素尺寸、颜色、位置和位深度。像素尺寸与分辨率有关，即分辨率越小，单位面积内的像素越少，像素尺寸越大。

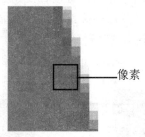

图 1-21 像素

2．图像分辨率

图像的分辨率指图像中每单位长度（每英寸或每厘米）包含

的像素的数量。通常情况下单位为：像素／英寸（ppi）或像素／厘米。

图像的分辨率主要用来控制图像的输出质量，在 Photoshop 中处理图像之前应确定图像的输出用途，然后再设置相应的分辨率（根据网频线）。

如果图像用来显示，则图像分辨率越高，意味着每英寸所包含的像素越多，图像就有越多的细节，颜色过渡就越平滑，图像看起来就越清晰；如果图像用来打印或印刷，则图像分辨率控制打印像素的空间大小。如在打印时，分辨率为 300ppi（单位面积内包含 300×300=90000 个像素）的图像比 72ppi（单位面积内包含 72×72=5184 个像素）的图像在单位面积内包含的像素点多，像素点越紧密，图像就越有更多的细节。

但是使用太高的分辨率会增加文件大小，并降低图像的打印速度；而且，设备将无法复现高分辨率图像提供的额外细节。所以在扫描时应将图像的分辨率设为最佳分辨率。而在 Photoshop 中提高低分辨率的图像，则由 Photoshop 利用插值运算来产生新的像素，并不能提高图像的品质。

通常情况下，若一幅图像用于屏幕上显示，图像的分辨率一般为 72ppi 或 96ppi，如 Web 图像的分辨率为 72ppi；若以高分辨率打印，则分辨率一般为 300ppi。

3．显示器分辨率

显示器上每单位长度显示的像素或点的数量，通常以点／英寸（dpi）来表示。显示器分辨率取决于显示器的大小及其像素设置。大多数新显示器的分辨率大约为 96dpi。

图像在屏幕上的显示尺寸常常与其实际打印尺寸不同。因为图像在屏幕上显示时，图像像素将直接转换为显示器像素，图像在屏幕上显示的大小取决于图像的像素多少以及显示器的大小和设置。例如，同一幅图像在显示器分辨率设为 1024×768 和 800×600 时，在屏幕上显示的大小分别如图 1-22 和图 1-23 所示。

 注意：图像在屏幕上显示的大小取决于下列因素的组合：图像的像素大小、显示器大小和显示器的分辨率设置。在 Photoshop 中，可以更改屏幕上的图像放大率，从而能够轻松处理任何像素的图像。

图 1-22　分辨率 1024×768　　图 1-23　分辨率为 800×600

同一幅图片的分辨率如果为显示器分辨率的 2 倍，则其在屏幕上显示的大小将为原来的 2 倍。如分辨率为 144ppi、1 英寸的图像在分辨率为 72dpi 的屏幕上将显示为 2 英寸。

4．打印机分辨率

打印机的分辨率为打印时所产生的每英寸的油墨点数（dpi）。大多数喷墨打印机的分辨率约为 300 ~ 720 dpi。多数桌面激光打印机的分辨率为 600dpi，而照排机的分辨率为 1200dpi 或更高。

如某台打印机的分辨率为 360dpi，是指在用该打印机输出图像时，在每英寸打印纸上可以打印出 360 个表征图像输出效果的色点。表示打印机分辨率的这个数越大，表明图像输出的色点就越小，输出的图像效果就越精细。

采用挂网技术打印图像时，应确定打印机的网频。

5．网频

网频又称网幕频率或线网，指的是打印灰度级图像或分色图像所用的网屏上每英寸的点数，度量单位通常采用线／英寸（lpi），如表 1–1 所示。

表 1–1　网频

网频示例	网频	图像分辨率
新闻稿	65lpi	130ppi
报纸	85lpi	170ppi
四色杂志	133lpi	260ppi
艺术书籍	177lpi	300ppi

图像打印的最终细节品质由图像分辨率和网频间的关系决定。

图像分辨率并不是越大越好。因为人眼辨别的能力有限，分辨率大到超过一定程序，人眼即感觉不明显。此外，分辨率越大，图像的信息量越大，工作时速度很慢；但是分辨率又不能过低，否则图像的层次损失大，质量得不到保证。通常使用的图像分辨率约为网频的 1.5 ~ 2 倍。

6．扫描分辨率

在 Photoshop 中打开扫描的图像时，扫描分辨率将转换为图像分辨率。扫描的分辨率决定于使用原始图像尺寸和最终图像尺寸比例以及图像的最佳输出分辨率。

扫描分辨率的计算公式为：

扫描分辨率 = 图像最佳分辨率 × N（图像放大比例）

图像的最佳分辨率设置为：

● 对于激光打印机和照排机，将其网频乘以 2。

注意：打印机的分辨率不同于图像分辨率，但与图像分辨率相关。要在喷墨打印机上打印出高质量的照片，图像分辨率应至少为 220 ppi，才能获得较好的效果。

注意：有些照排机和 600 dpi 激光打印机使用的是网屏技术，而不是半调技术。

● 对于喷墨打印机，图像最佳分辨率为 300ppi。

将以上结果乘以图像的放大比例，即为扫描分辨率。

如假定要将图像输出到网频为 75lpi 的照排机，并且最终图像与原始图像之间的比例为 2。首先将 75（网频）乘以 2，得到 150。然后将 150 乘以 2，得到扫描分辨率为 300。如果要在最佳分辨率为 300dpi 的喷墨打印机上打印该图像，则将 300 乘以 2，从而得到扫描分辨率为 600。

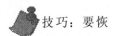
1.4.2 图像大小

Photoshop 可以使用"图像大小"命令来调整图像的像素大小、打印尺寸和分辨率。

执行"图像" > "图像大小"命令，如图 1-24 所示。

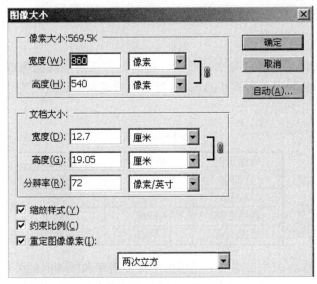

图 1-24 "图像大小"对话框

1. 重定图像像素

在 Photoshop 中，只有选择了"重定图像像素"选项，才能更改图像的像素大小。

重定图像像素会使图像的品质下降。如果是减少图像的像素，则信息将从图像中删除 ；如果增加图像的像素，则会在现有像素颜色值基础上添加新像素，该图像会丢失某些细节和锐化程度。

取消选择"重定图像像素"则只更改"文档大小"，如图 1-25 所示。

 技巧：要恢复"图像大小"对话框中显示的初始值，按住 Alt 键（Windows）或 Option 键（Mac OS），然后单击"复位"。

提示：如果降低分辨率而不更改像素大小，则不重新取样。如果降低分辨率而保持相同的文档大小，将减小像素大小重新取样。

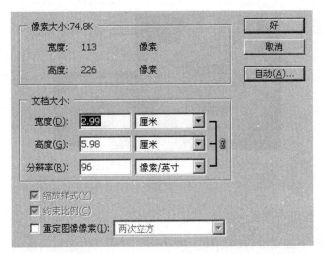

图 1-25　取消选择"重定图像像素"图像大小对话框

2．像素大小

像素大小是指图像在宽度或高度方向上包含的像素的数量。图像的新文件大小显示在对话框的顶部前面显示，旧文件大小在括号内显示。

更改像素大小不仅会影响屏幕上图像的大小，还会影响图像品质和打印特性，包括打印尺寸及图像分辨率。

Photoshop 支持的最大像素大小为每个图像 300000 × 300000 像素。

3．文档大小

文档大小由打印尺寸和分辨率共同决定。Photoshop 通过更改图像的打印尺寸和分辨率来控制文档大小，从而控制图像的文件大小。增加分辨率会减小文档的打印尺寸。

如果选择了"重定图像像素"，则可以独立地更改打印尺寸和分辨率，并更改图像中像素的总数。取消选择"重定图像像素"，则只更改尺寸或分辨率，Photoshop 将自动调整另一个值以保持总像素数不变。

总之，为了获得最高的打印品质，一般来说，最好事先更改尺寸和分辨率，而不是在图像输入之后提高图像的分辨率。

要想查看文档的打印尺寸，可选取工具箱中的放大镜或手掌工具，在属性栏上或在图像上右击，选择"打印尺寸"。在取消选择"重定图像像素"的情况下，将一幅图像的分辨率从 72ppi 提高到 300ppi，原图像和调整后图像的打印尺寸分别如图 1-26 所示。

 提示：为了在制作小图像时获得最佳效果，应缩减像素取样并应用"USM 锐化"滤镜。要制作大图像，需以更高的分辨率重新扫描图像。

图 1-26　分辨率为 72ppi 和 300ppi 时的图像在屏幕上的
"打印尺寸"

4．自动分辨率

使用半调网屏打印图像，Photoshop 则会自动根据输出设备的网频确定图像的分辨率。

选取"图像大小"对话框中的"自动"，如图 1-27 所示。

提示：如果图像分辨率超过网目线数的 2.5 倍，则在尝试打印图像时会出现警告信息。这意味着图像分辨率需高于打印机必需的分辨率。可存储文件拷贝，然后降低分辨率。

图 1-27　自动分辨率对话框

● 草图：产生的分辨率与网频相同且不低于每英寸 72 像素。
● 好：产生的分辨率是网频的 1.5 倍。
● 最好：产生的分辨率是网频的 2 倍。

5．文件大小

文件大小是指图像所占空间的大小，度量单位是千字节（KB）、兆字节（MB）或千兆字节（GB）。文件大小与图像的像素大小成正比。影响文件大小的因素有：分辨率、文件格式、颜色位深度、图层、通道等。

一般情况下，图像的分辨率提高 1 倍，文件约为原来的 4 倍。

提示：要指定打印所用的半调网目线数，必须使用"半调网屏"对话框（通过"打印"命令进行访问）。

1.4.3　调整画布

Photoshop 减小画布区域将裁切图像，扩大画布将增加绘画或编辑图像的面积。

1．更改画布大小

选取"图像">"画布大小"。如图 1-28 所示。

图 1-28 "画布大小"对话框

提示：也可
以单击"画布扩展
颜色"菜单右侧的
白色方形来打开拾
色器。

更改画布大小，直接在"宽度"和"高度"框中输入所需的
画布尺寸。选择"相对"选项，设定数字应用更改画布，正数为
扩展，负数为裁剪。单击"定位"将更改现有图像在新画布上的
位置。

画布扩展颜色可以使用前景色、背景色、白色、黑色、灰色
或其他颜色，如图 1-29 所示。

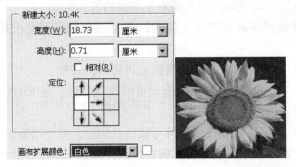

图 1-29 使用"画布大小"命令对话框及图像

2．旋转画布

"旋转画布"命令可以旋转或翻转基于在画布所有图层上的
图像。

执行"图像"＞"旋转画布"，如图 1-30 所示。

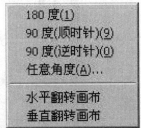

图 1-30 "旋转画布"命令

1.4.4 裁剪图像

Photoshop 使用裁剪工具和"裁剪"命令来裁切图像上不必要的像素。

使用裁剪工具在图像上拖动可产生裁切框，对图像裁切时可旋转裁切框，还可以产生"透视"裁切。

在工具箱中选择裁剪工具时，选项栏如图 1-31 所示。

图 1-31　裁切工具的选项栏

● 高度、宽度和分辨率：在选项栏中输入高度、宽度和分辨率，可以在裁剪过程中对图像进行重新取样。在裁切过程中重新取样会将"图像" > "图像大小"命令的功能与裁剪工具的功能组合起来。

● 前面的图像：如果要基于另一图像的尺寸和分辨率对一幅图像进行重新取样，打开所依据的那幅图像，选择裁剪工具，然后单击选项栏中的"前面的图像"。使用裁剪工具在图像上拖移，裁切框上出现 4 个控制点。

● 清除：可以快速清除所有文本框内容。

使用裁剪工具在图像上拖动，此时图像裁切框上出现 8 个控制点。

（1）把鼠标放在裁切框内拖动可移动裁切框。

（2）用鼠标在控制点上拖动可缩放裁切框。按 Shift 键拖动时可限制比例。

（3）把鼠标放在裁切框外可旋转裁切框。要更改旋转中心点，用鼠标直接拖动中心点即可。但在位图模式下无法旋转裁切框。

（4）应用裁切：按 Enter 键，单击选项栏中的"提交"按钮 ✔，或者在裁切框内双击鼠标。

（5）取消裁切：按 Esc 键，或单击选项栏中的"取消"按钮 ⊘。如图 1-32 所示。

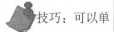
技巧：可以单击选项栏中裁剪工具图标旁边的三角形"工具预设"选取器，并选择一个重新取样预设。

图 1-32　旋转裁剪和裁剪图像

第 2 章　选区编辑

当使用 Photoshop 处理图像时，为了实现某种效果，首先要选择对象才能进行编辑。这样对于重要的原图还能保留选择区域的外围而不被改变，由此看出，建立选区是一项相当重要的工作。在 Photoshop 中，编辑、特效、图像等操作都与范围选区有关。选区是很多操作的基础，因此掌握建立选区范围的方法是必须的。

选区范围的优劣、准确与否影响到图像编辑效果，因此在最短时间内进行有效的、精确范围选取，对提高工作效率和图像质量，创作出理想的创意效果有着至关重要的作用。建立选区范围的方法有很多种，可以使用选区工具或选区命令菜单，当然通过图层、通道、路径等方法也可以创建选区。本章学习怎样利用选区工具和菜单命令对图像选取，其他方法在以后章节中讲解。

建立像素选区可以通过使用选框、套索工具框选，魔棒工具应用类似的颜色区域形成像素选区，还可以使用"选择">"色彩范围"或其他菜单命令建立选区。

建立新选区可以替换原有的选区，还可以创建添加选区、减去选区、交叉选区、合并选区，还包括选区的修改、变换等。

本章主要技能考核点：

● 选框工具、套索工具、快速选择／魔棒工具；

● 移动／裁剪／切片工具；

● 快速蒙版工具、色彩范围命令；

● 选区修改／变换命令；

● 选区存储与载入命令；

● 复制／剪切／粘贴编辑命令；

● 缩放／旋转／扭曲／透视／变形／翻转变换命令。

评分细则：

本章有 3 个概括基本点，每题考核 3 个方面，每题 15 分。

序号	评分点	分值	得分条件	判分要求
1	建立选区	6	正确建立选区形状或选取物体	使用方法不要求
2	选区编辑	6	根据要求对选区进行变换／编辑	形状不正确不给分
3	选区修饰	3	达到修饰要求效果	允许一定的创意发挥

本章导读：

如上所述，我们明确了本章所要求掌握的技能考核点以及对应《试题汇编》单元的评分点、得分条件和判分要求等。下面我们先在"样题示例"中展示《试题汇编》中一道树叶变形效果的真实试题，并在"样题分析"中对如何解答这道试题进行分析，然后通过一些案例来详细讲解本章中涉及到的技能考核点，最后通过"样题解答"来讲解"树叶变形效果"这道试题的详细操作步骤。

练习目的: 由 《试题汇编》中选取 1 个样题，观察本章题目类型。了解本章对学习内容的要求。

素材来源：《试题汇编》第一单元素材 leaf.jpg。

作品内容：将一片树叶使用 Photoshop 变形功能做成弯曲下垂或翘起形状。符合自然界不同形状树叶的要求，为将来整个作品准备背景素材。

2.1 样题示例

操作要求

制作树叶变形效果，如图 2−1 所示。

图 2−1 效果图

打开素材文件夹下 Unit1\leaf.jpg 文件，树叶形状如图 2−2 所示。

（1）建立选区：使用选择工具或选择命令创建树叶选区。

（2）选区编辑：复制、变换、变形两片树叶，叶角分别向上翘和下垂。

（3）选区修饰：添加树叶阴影。

将最终结果以 X1−20.psd 为文件名保存在考生文件夹中。

图 2−2 树叶素材

2.2 样题分析

本题是关于选区变换的题目，也是一般学习 Photoshop 入门之路。

要建立"叶片"选区，首先使用"魔棒工具"选取背景，再使用"反向"选择命令选取树叶；也可以使用"套索工具""魔棒工具"和"色彩范围"命令直接选择树叶，很多种方法都可以实现建立选区。

然后使用"变形""变换"命令，"缩放""旋转"调整树叶，并"移动""复制／粘贴"多片树叶。

最后使用羽化命令、"复制／粘贴"和"存储""载入"选区命令制作树叶阴影。

由解题思路可以看出，试题使用到大部分选区工具和选区相关命令，形成建立、变换和编辑选区的三个过程。

解答这些题目需要掌握相关操作技能，我们的学习就从了解掌握这些技能要点开始，这样才能在解题时"游刃有余"。

可以看出，从选取素材，改变物体，到最后的添加效果，形成完整的作品创作过程。

2.3 建立选区

本节从常用选择工具讲起，使用工具箱中的选择工具建立选区范围是最常用、最基本的方法。

2.3.1 选框工具

使用工具箱中的选框工具建立选区范围是最常用、最基本的方法。选框工具包括：矩形选框工具、椭圆选框工具和 1 像素的单行和单列选框工具。

- 矩形选框[]建立矩形选区。
- 椭圆选框○建立椭圆选区。
- 单行╍或单列╏选框将边框定义为 1 个像素宽的单行或单列。

1. 选框工具使用方法

(1) 选择工具箱中的矩形选框工具[]，光标移至图案的左上角位置，变成十字形状后按下鼠标不放，向右下角拖拉鼠标，出现一个矩形浮动线，松开鼠标，浮动线内图像即为选区部分，如图 2-3 所示。

解题和创作思路，所使用的技能要点。

提示：选区用于分离图像的一个或多个部分。通过选择特定区域，可以编辑效果和滤镜并将其应用于图像的局部，同时保持未选定区域不会被改动。

技巧：选区建立后可以拖移选区到新位置，移动后的选区的大小不变。

技巧：在创建选区时，不放开鼠标，按下空格键可拖移选区的位置。

技巧：按下 Shift 键，移动可保持水平或垂直或 45° 方向。

技巧：按下 Shift 键，拖动光标可直接建立正方形或正圆形选区。

技巧：按下 Alt 键，可由中心向外拖拉形成选区。

注意：每次只能选取一个像素的宽度。

技巧：同时按 Shift 键不放，可连续增加选区形成多条水平线。

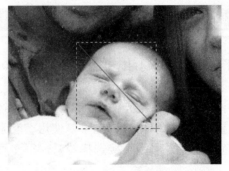

图 2-3　建立矩形选区

（2）工具箱中椭圆选框工具 ○ 使用方法与矩形选框工具基本相似，如图 2-4 所示。

图 2-4　椭圆选区和圆形选区

（3）选择单行 ⋯ 或单列 ⋮ 选框工具，在图像内单击鼠标即可出现一个水平或垂直单条浮动选取线，图 2-5 所示为使用单行工具创建的格线纸。

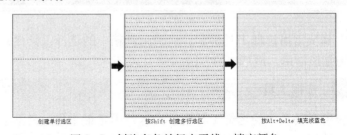

创建单行选区　　　　按Shift 创建多行选区　　　　按Alt+Delte 填充淡蓝色

图 2-5　创建多条单行水平线、填充颜色

2. 组合方式工具选项

选框工具选项栏如图 2-6 所示。

图 2-6　选框工具选项栏

在选项栏中，可指定建立新选区 ■、添加选区 ■、减去选区 ■、交叉选区 ■几种方式。

● 建立新选区 ■：默认工作状态，在图像上建立一个新选区，当再建立第二个选区时，第一个选区自动消失。

● 添加选区 ■：在已有选区时，使用添加选区 ■图标或按下快捷键 Shift 不放，光标变为+͵，可连续增加选区范围，如图 2-7 所示。

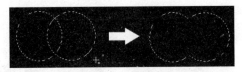

图 2-7　添加选区

提示：在添加到选区时，指针旁边将出现一个加号。

● 减去选区▣：在已有选区时，使用减去选区▣图标或按下快捷键 Alt 键不放，光标变为+͵ 时，选区重叠部分将被减去，如图 2-8 所示。

图 2-8　减去选区

提示：在从选区中减去时，指针旁边将出现一个减号。

● 交叉选区▣：在已有选区时，使用交叉选区▣图标或同时按下快捷键 Alt+Ctrl 组合键不放，光标为+ₓ，选区重叠部分被保留，如图 2-9 所示。

图 2-9　差集选区

提示：当您选择交叉区域时，指针的旁边将出现一个交叉符号。

以上 4 种选区组合方式适用所有的选区工具，也可以用套索工具减去魔棒工具创建的选区，还可以用矩形选框工具加椭圆选框工具创建的选区。

3．羽化工具选项

通过建立选区和选区周围像素之间的转换边界来模糊边缘。该模糊边缘将产生渐变晕开柔和效果。

选框、套索、多边形套索或磁性套索工具都可定义羽化，或者将羽化添加到现有的选区。在移动、剪切、拷贝或填充选区时，羽化效果很明显。

练习目的：了解羽化功能。

（1）如图 2-10 所示羽化工具选项，"羽化"值范围在 1～250 像素之间，该数值定义羽化边缘模糊柔和宽度。

图 2-10　羽化选项

素材来源：《试题汇编》Unit1\soldier.jpg 和 explode.jpg 素材。

（2）如图 2-11 所示，用选框工具将图像选中、选择移动工

作品内容：合成图像。

 **注意：工具羽化与"选择"＞"羽化"命令作用是相同的，区别是工具选项栏中设定羽化是在选取范围之前设定，而选择羽化则是建立选取范围之后设定。**
《试题汇编》1.7 题合成图像使用此范例。

技巧：按下 Ctrl 键，选框工具转换为移动工具，移动选区内容。

按下 Ctrl+Alt 键，拖移可复制选区内容。

按下 Ctrl+Alt+Shift 键，可控制垂直或水平方向拖移复制选区内容。

技巧：按下 Alt（Ctrl）+ BackSpace(←)键可填充羽化选区。

技巧：对于矩形或椭圆选框，拖移时按住 Shift 键可将选框限制为正方形或圆形。若要从选框的中心拖移选框，在开始拖移时按住 Alt 键。

具 ➤ 移出，将图像中的选区拖移到新位置，也可与其他图像融合合成。

图 2-11　羽化图像移开、合成效果

4．选取样式工具选项

使用矩形、椭圆选框工具在选项栏中可设定"样式"。

● 正常：默认设置，这种方式最为常用，可以自由选择大小、形状，通过鼠标拖移确定选框的比例。

● 约束长宽比：设置高度与宽度的比例。输入长宽比值（十进制值有效）。例如，若要绘制一个高是宽两倍的选框，可输入宽度1和高度2。

● 固定大小：指定选框的高度和宽度值。输入整数像素值。创建1英寸选区所需的像素数取决于图像的分辨率。

5．精确边框（Refine Edge）

精确边框选项可以精确调整选区边框的半径、对比度、羽化、平滑度等，并且还可以使用蒙版预览多种背景效果。具体使用方法详见下节内容。

2.3.2　套索工具

套索工具也是一种常用的范围选取工具，套索工具可以绘制直边和自由曲线选框。使用磁性套索工具，边框会贴紧图像中定义区域的边缘。套索工具主要用于选择一些不规则形状的范围。

套索工具包括自由套索工具 ☌、多边形套索工具 ☌ 及磁性套索工具 ☌。

1．自由套索工具

自由套索工具主要是针对不规则图像用鼠标徒手画边框选择对象。

（1）选择套索工具 ☌ 并选择选项，选项栏如图 2-12 所示。

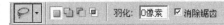

图 2-12 套索工具选项

（2）将光标移入图案边缘，按下鼠标不放，沿被选物体图像边缘勾画一周，起点与终点自动联接（指针旁边会出现一个圆圈），形成沿物体图像边界的不规则浮动选择范围，如图 2-13 所示。

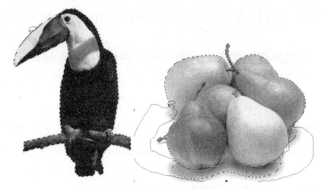

图 2-13 使用自由套索工具

（3）如果使用套索工具之前在"羽化"选项中填入一定数值，可产生羽状化效果。

（4）使用"消除锯齿"选项，产生的边界较为柔和、光滑、无锯齿状。

2．多边形套索工具

多边形套索工具是利用线段围合形成选取范围，可选择规则的多边形。

（1）选择多边形套索工具 ☌，其选项栏与自由套索选项栏相似。

（2）将鼠标指针移到图像窗口中单击以确定开始点，再移动鼠标指针单击确定第二点，继续操作下去，直到终点与起点靠近时，鼠标指针旁出现圆圈，然后单击，形成一个多边形封闭浮动选取

技巧：在创建边框矩形、椭圆等选框时，不放开鼠标，同时按下空格键可拖移边框位置，相当于从选区内部拖移效果。

注意：若选取的曲线终点未回到终点，则 Photoshop 会自动封闭完成未闭合的选取范围。

技巧：在拖移过程中，可以按住 Alt 键，并拖移在绘制手绘线段和直边线段之间切换，完成后释放 Alt 键。

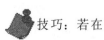 **注意：** 如果选取的线段的终点没有与起点接近，双击鼠标可自动连接，成为一个封闭的选取范围。

范围，如图 2-14 所示。

图 2-14　使用多边形套索工具

3. 磁性套索工具

套索和多边形套索工具可以手绘线段，也可以绘制选框的直边线段。而使用磁性套索工具，边框会贴紧图像中定义区域的边缘。磁性套索工具特别适用于快速选择与背景对比强烈且边缘复杂的对象。

（1）选择磁性套索工具，选项栏如图 2-15 所示。

| 羽化: 0 像素 ✓消除锯齿　宽度: 10 像素　边对比度: 10%　频率: 57　✓钢笔压力 |

图 2-15　磁性套索选项栏

（2）光标移至图像边缘，点取第一点时光标旁出现一个小圆圈，松开鼠标，沿被选物体边缘移动鼠标，会自动留下带有节点的轨迹。

技巧： 若在选取时按 Shift 键，则可按水平、垂直、45°角的方向选取线段。在使用多边套索工具时，按 Alt 键切换为磁性套索工具。在使用自由套索工具时，按 Alt 键切换为多边形套索工具。

（3）光标所经过之处，轨迹像有磁性一样，自动靠近被选物体相近像素，好像光标有磁性似地寻找选取物体。鼠标靠近起点时，再次出现小圆圈，如图 2-16 所示。单击起点连接，形成封闭的浮动选取范围。

注意： 磁性选项并非数值越大越好，做到适用为止。

图 2-16　使用套索工具

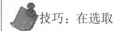

磁性套索工具具有方便、准确、快速的选取功能，它是依据选取边缘在指定宽度内的不同像素值的反差来确定的。选项栏中各项参数设置意义如下。

● 羽化和消除锯齿：与选框工具意义相同，具有软化选区边缘的功能。

● 宽度：指定检测宽度，数值越小，选取时磁性捕捉性越强，即越靠近像素或物体，反之则弱。

● 边对比度：指定套索对图像边缘的灵敏度，可为"边对比度"输入 1% ~ 100% 之间的值。较高的数值与环境对比鲜明的边缘，较低的数值则搜索低对比度的边缘。

● 频率：数值越大，鼠标移动过的轨迹节点越多，光滑程度越高，反之则差。数值范围为 0 ~ 100。

● ✎光笔压力：使用数字化仪设备的用户可设置笔的压力。该选项只有安装绘图数字化仪时使用，在绘画工具中还可以设定大小、色彩及不透明度等。

2.3.3　快速选择工具

快速选择工具根据颜色相似或近似的原理集合成选区范围，有快速选择工具✎和魔棒工具✎两种工具。

1. 快速选择工具

这是个方便的智能选择工具，快速选择工具的原理基于画笔模式，可以"画"出选区。不需要在要选取的整个区域中涂画，自动调整所涂画的选区大小，并寻找到边缘使其与选区分离。

（1）选择快速选择工具✎，选项栏如图 2-17 所示。

［画笔: 13 □对所有层取样 □自动强化 　精致边框］

图 2-17　快速选择工具选项

（2）在选择区域涂抹或单击确定选区，选择"从选区减去"✎或者按 Alt 键减少选区，如图 2-18 所示。

图 2-18　快速选择工具的使用

> **技巧**：在选取时，按 Delete 键，可删除节点。按住 Alt 键不放，拖动鼠标，可删除重叠部分。按 Shift+Alt 组合键可进行交叉选择，将两次相交的部分保留下来。

技巧：可以直接使用快捷键"["或"]"来增大或减小画笔。

注意："用于所有图层"是以合并后图层作为选取标准，选取的图像仍是以当前层为对象的。

提示：魔棒工具是基于单击像素的相似度，为魔棒工具的选区指定色彩范围或容差。

（3）可以根据选择区域的大小或接近边缘程度，设置画笔大小，确定涂抹或单击时选择范围大小，如图 2-19 所示。

图 2-19　绘画区域的大小

快速选择工具还包括以下选项：

● 画笔：单击画笔右侧的箭头，设置所需要的画笔。如果选取是较大区域，可使用大一些的画笔；如果要选取边缘可换成小尺寸的画笔，这样尽量避免选取背景像素。

● 自动强化：可以更精确确认选区的边缘。可以选择"精致边框"手动细致调整边框。

● 用于所有图层：如果图像包含多个图层，点击选取范围包括其他图层相似颜色。否则只对当前图层（图像）产生作用。

2．魔棒工具

魔棒工具能够根据相同或相似的色素进行选择。魔棒工具可以直接选择颜色一致的区域（例如，红色花朵），而不必框选其轮廓。

（1）选择魔棒工具 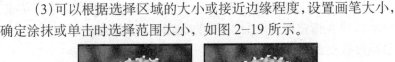，魔棒工具选项栏如图 2-20 所示。

图 2-20　魔棒工具选项栏

（2）如图 2-21 所示，在上部黑色区域单击，就会发现块颜色相似范围被选中。

图 2-21　使用魔棒工具

（3）对于单色背景，边缘或色彩不复杂的图像，可单击单色背景选择白色背景，如图 2–22 所示，执行"选择"＞"反向"命令，酒瓶图像就被反选中。

注意：不能在位图模式的图像或 32 位／通道的图像上使用魔棒工具。

图 2–22　魔棒工具与反向命令的使用

魔棒工具选项如下：

● 容差：在此文本框中输入 0 ～ 255 之间数值，输入较小值以选择与所单击的像素非常相似的颜色，或输入较高值以选择更宽的色彩范围。可根据所要选取的图像颜色差异的大小，改变"容差"数值的大小进行操作。

● 消除锯齿：可提高选区边缘的光滑程度。

● 连续的：只能选择单击处相邻区域中的相同像素；否则可选择全部图像或图层（相邻和不相邻）所有近似色彩，如图 2–23 和图 2–24 所示。

图 2–23　"非连续"状态选择

图 2-24　"连续"状态选择

2.3.4　色彩范围命令

技巧：选取
时按下 Shift 键不
放，可进行连续多
次增加选区。按
Alt 键不放，减少
选取方式选择。同
时按 Shift+Alt 组
合键可在已有的选
取范围内进行选
取，原有选取范围
消失。

　　色彩范围命令是在整幅图选择近似的颜色区域，这些相近似的
色彩可以是连续（相邻）的或不连续的。此命令不但能够快速选取
图像中的某种色彩，而且可以快速选择高亮区、中间调区或阴影区
等，使用吸管直接设置选择范围也是一种快速简便的方法。

　　与魔棒工具不同的是不用每次都重新选取，可以直接增加或减
少选区，并且用此方法可以边预览边调整范围大小，便于确认目标。

　　（1）执行"选择"＞"色彩范围"命令，打开其对话框，单击"选
择"右侧▼箭头按钮，在下拉菜单中可选择"取样颜色"，或使用
吸管✐单击图像中的蒲公英花朵，预视图区域与图像花朵选区一致，
相互同步变化，如图 2-25 所示。

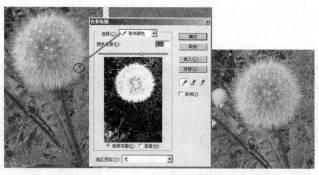

图 2-25　色彩范围选取方式

技巧：在
"色彩范围"对
话框中，按 Ctrl
键（Windows）
或 Command 键
(Mac OS)可在"图
像"和"选择范围"
预览之间切换。

　　（2）如果选取范围过大或过小，可调整"颜色容差"数值增
加或减少选区范围值，也可使用吸管添加选区或减少选区。

　　"色彩范围"对话框选项包括：

● 选择：吸管取样、选取专色或明暗区域设定取样方式。

● 颜色容差：调整控制选取的范围颜色容差值。

● 预览方式：有选区或图像两种方式，单击或按下 Ctrl 键在

其间相互转换。

● 选区预览：设定选取范围在图像中的预示方式，有"无""灰度""黑色杂边""白色杂边"和"快速蒙版"几种方式。

● 反相：反向选择对象，是对选区与非选区互换范围。

● ：取样选取颜色、增加选区或减少选区。

2.3.5　快速蒙版选择工具

蒙版就是隔离并保护图像的未选择区域，使未选中区域受保护以免被编辑。

快速蒙版模式工具将选区作为蒙版进行编辑，添加或减去蒙版区域（例如：使用画笔涂抹增加或减少），这样就可以使用Photoshop 任何工具或滤镜修改蒙版（选区范围）。受保护区域和未受保护区域以不同颜色进行区分，当离开快速蒙版模式时，未受保护区域成为选区。

快速蒙版工具是以绘画的方式对较复杂物体作范围选择。在选择过程中可以自由地进行修改。有标准 模式和蒙版 模式两种 状态。

（1）用"快速选择工具"选取大致范围，单击"以快速蒙版模式编辑"按钮，图像转为蒙版模式，选择"画笔工具"，将头发周边多余选区涂抹掉，如图 2-26 所示。

（2）单击工具箱中的"标准模式编辑"按钮离开蒙版模式，头发被正确选择，如图 2-27 所示。

图 2-26　编辑快速蒙版　　　图 2-27　蒙版编辑选择效果

默认情况下，快速蒙版模式用红色、50% 透明的遮罩为受保护的区域着色。未选择区域蒙上一层半透明的红色遮罩，已选择区域则直接表现出来。

双击快速蒙版工具，出现设置对话框如图 2-28 所示。

技巧：按住 Shift 键，可临时启动加色吸管工具。按住 Alt 键（Windows）或 Option 键（Mac OS） 键可启动减色吸管工具。

技巧：若要在快速蒙版的"被蒙版区域"和"所选区域"选项之间切换，按 Alt 键单击快速蒙版模式。

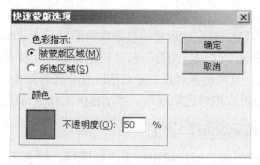

图 2-28　快速蒙版选项

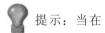 注意：颜色和不透明度设置都只影响蒙版的外观，而对图像区域的保护方式没有影响。更改这些设置能使蒙版与图像中的颜色对比更加鲜明，从而具有更好的可视性。

蒙版选项包括：

● 色彩指示：设定蒙版遮盖部分，可在选区与非选区之间转换。

● 颜色：设置遮盖蒙版使用的色彩。

● 不透明度：设置遮盖区域的不透明度。

1. 通道调板与快速蒙版

蒙版或受保护区域在通道调板显示为黑色，选择区域显示为白色。用白色绘画可扩大选区，用黑色绘画可缩小选区，如图 2-29 所示。

提示：当在"快速蒙版"模式中工作时，"通道"调板中出现一个临时快速蒙版通道。但是，所有的蒙版编辑是在图像窗口中完成。

通过切换到标准模式并选取"选择"＞"存储选区"，可将此临时蒙版转换为永久性 Alpha 通道。

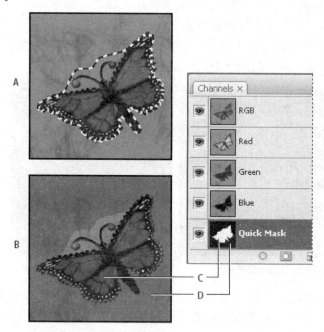

图 2-29　A 图为标准模式　　B 图为快速蒙版模式
C. 选区在通道调板中显示为白色　　D. 未选择区域为黑色

2.3.6　快速选择命令

经过以上一些创建选区方法学习，读者会问有没有命令直接选择区域呢？回答是肯定的，这就是一些"选择"菜单命令。

执行"选择"＞"所有"命令，可全部选择图像，快捷键为Ctrl+A。

执行"选择"＞"取消选择"命令，可取消所有选择，快捷键为 Ctrl+D。

执行"选择"＞"反向"命令，可在选区与非选区之间切换，快捷键为 Shift+Ctrl+I。

● 取消选择：该命令取消当前所有选择浮动线，但对隐含或存储过的选区不受影响。如果使用的是矩形选框、椭圆选框或套索工具，则点按图像内选中区域以外的任何地方亦可。

● 重新选择：该命令重新选择选区。只有在执行过"取消选择"命令后，才能执行本命令，只能恢复最后一次的选区。

● 反向：该命令把当前选区与非选区互换。原选区取消，非选区变为选区。使用魔棒工具选择图像中白色背景，然后执行"反选"命令，即可选中对象。

2.4　选择调整

创建选区后根据需要有时需进一步调整处理，例如：移动、扩展、收缩、精确边框、柔化和变换，还有选区的存储与载入等操作。

由此可以看出，本节主要是讲解选择菜单命令相关内容。

前面在学习羽化，多个选区组合方式中的新选区■、添加选区■、减去选区■、交叉选区■几种方式时，已经是改变、编辑、调整选区了。

1. 移动选区范围

在 Photoshop 中，可以任意移动选区范围，而不影响图像的内容；已经建立了选区，在使用选区工具时，光标指针移入选区范围内时，光标指针形状变成 ，然后按下鼠标左键拖动到合适位置即可，如图 2-30 所示。

提示：如果选择命令没有按预期方式工作，则可能已隐藏某个选区。使用"取消选择"命令并重试。

注意：选区范围（也叫选择范围）与选区（内容或对象）是不同的概念。选区范围是指选择范围虚线，而选区是指选取范围中的对象或内容。

注意：这里的移动 ↳ 与使用移动工具 ▶⊕ 的性质不同，↳ 只是选区范围线的移动，而移动工具 ▶⊕ 是对选区范围内的图像进行移动操作。

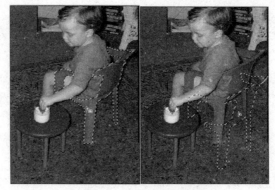

图 2-30　移动选区范围线

移动选区范围还可以用键盘上 ↑、下 ↓、左 ←、右 → 4 个方向键准确地移动选区，每按一下方向键移动一个像素的距离。

2．边界

在原有选区外加选区范围，用新选区包含原选区，相当于差集。

执行"选择"＞"修改"＞"边界"命令，打开"边界选区"对话框，在"宽度"框中输入 1 ～ 200 之间的像素数值即可，如图 2-31 所示。

图 2-31　使用"边界"命令

打开《试题汇编》第一单元的 Unit1\picture.jpg 素材。

新选区将减去原选区，出现两条选择边框效果，如图 2-32 所示。

图 2-32　左图为原图，右图为边界为 8 像素图像效果

3．平滑

执行"选择"＞"修改"＞"平滑"。如图 2-33 所示。

图 2-33　使用"平滑"命令

　　按照指定的数值对选区的边缘作平滑处理。此时有拐角点的选区将变平滑，而矩形选框将变成圆角矩形选框，如图 2-34 所示。

图 2-34　左图为原图，右图为平滑为 10 像素删除图像内容效果

4．扩展与收缩

　　将选区范围按照指定像素值扩大或缩小，能够修改还未曾完全准确选取的范围，有时也能实现许多图像特殊效果。

　　执行"选择">"修改">"扩展"命令，打开"扩展选区"对话框，如图 2-35 所示。在"扩展量"框中输入 1 ~ 100 之间的像素值即可。收缩选区的方法亦然。

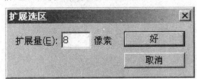

图 2-35　扩展命令

图像扩展与收缩选区效果如图 2-36 所示。

图 2-36　左图为原选区范围，中图为扩展效果，
右图为收缩效果

5．扩大选取／选取相似

　　"扩大选取"命令可以将原选区范围扩大，所扩大的范围是

 提示：对于选区中的每个像素，Photoshop 将根据半径设置中指定的距离检查它周围的像素。如果已选定某个像素周围一半以上的像素，则将此像素保留在选区中，并将此像素周围的未选定像素添加到选区中。如果某个像素周围选定的像素不到一半，则从选区中移去此像素。整体效果是将减少选区中的斑迹以及平滑尖角和锯齿线。

 提示：其实两种方式的区别就是相邻与非相邻两种扩展方式。

提示：扩大选取／选取相似命令效果与魔棒工具和快速选择工具功能有些相似。

注意：不能在位图（黑白）模式的图像上使用"扩大选取"和"选取相似"命令。

在原有的选区范围相邻和颜色相近的区域。颜色的近似程度由魔棒工具中的容差值来决定。

"选取相似"命令类似于"扩大选取"命令，但是它扩大的选择范围不限于相邻的区域，只要是图像中有近似颜色的区域都会被选中。同样，颜色的近似程度也由魔棒工具容差值来决定。

（1）在魔棒工具选项栏中输入容差值，建立选区，如图 2-37 所示。

（2）执行"选择"＞"扩大选取"命令，扩大指定容差范围内的相邻像素，如图 2-38 所示。

图 2-37　原选区　　　　图 2-38　扩大相似选区

（3）执行"选择"＞"选取相似"命令，整个图像中位于容差范围内的像素都被选中，而不只是相邻的像素，如图 2-39 所示。

图 2-39　选取相似

6．变换选区

这里仅指对选取范围线进行旋转、翻转、自由变换等，不包括选区内容。

执行"选择"＞"变换选区"命令。

在选区范围线的四周出现带手柄的方框，此时进入自由变换状态，如图 2-40 所示。可以拖动手柄任意改变选取范围的大小、位置和角度等。

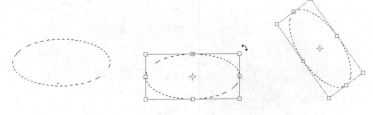

图 2-40　原选区范围、变换状态、旋转效果

7．调整边缘

前面选择工具选项已经接触到"调整边缘"，可以针对边缘的半径、对比度和羽化等自定义设置。另外还有多种蒙版显示模式，可以实时预览和调整不同数值的效果，使用起来非常方便。

打开 Photoshop 后，执行"文件"＞"打开"命令，打开 Photosop\Samples 文件夹内的 Sunflower.psd 向日葵图像。

（1）首先为主体建立选区，如图 2-41 所示。

图 2-41　建立基本选区

（2）单击选择工具"调整边缘"选项或执行"选择"＞"调整边缘"命令，对话框如图 2-42 所示，根据需要调整相关数值，直接预览效果。

技巧：对于选定对象颜色与背景不同的图像，可尝试增加"半径"，应用"对比度"以锐化边缘，然后调整"收缩／扩展"滑块。

图 2-42　选区调整

技巧：对于灰度图像或选定对象的颜色与背景非常类似的图像，可先尝试平滑处理，然后使用"羽化"选项和"收缩／扩展"。

（3）调整边缘效果，如图 2-43 所示。

图 2-43　选区调整结果与移开位置效果

调整边缘包括以下选项：

- "半径"：调整扩大选区半径。

- "对比度"：调整图像边缘的对比度。

- "平滑"：平滑选区边缘。

- "羽化"：选区边框的羽化程度。

- "收缩与扩展"：调整选区边框的收缩与扩展百分比。

8．保存选取范围

前面讲到的选取范围，基本都是一次使用的，精细的选取范围往往是来之不易的，有时需要花费很多的时间才能完成。如果日后还要重复使用怎么办？是否有一种能保留选取范围的方法呢？回答是肯定的。

　　保存后的选取范围将成为一个蒙版保留在"通道"调板中，也可从"通道"调板中随时载入。

　　（1）选择"椭圆选框工具"，按 Shift 键，建立一个圆形选区。

　　（2）执行"选择"＞"存储选区"命令，命名为"红"，如图 2-44 所示。

　　（3）保持选区，将其移动一定距离（注意要与原来的选区有交集），然后重复步骤（2），将其命名为"绿"。

　　（4）继续移动选区，在通道调板中单击红、绿通道可视性眼睛图标，共同观察，使三个选区构成如图 2-45 所示，并命名第三个选区新通道为"蓝"。

提示：创建选区，也可单击"通道"调板底部的"存储选区"按钮。新通道即出现，并按照创建的顺序而命名。

练习目的：掌握选区的保存与载入。

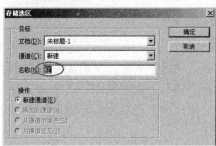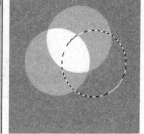

图 2-44　存储选区对话框　　图 2-45　存储三个选区

　　"存储选区"对话框选项：

● 文档：可指定选区的存储位置，默认状态为当前文件，也可存储到其他文件中，但像素尺寸大小必须和当前文件一致。

● 通道：选择"新建"会自动生成一个新通道。如果选择其他通道，可在操作选项中设置是替代其他通道还是与其他通道进行加减运算。

● 名称：用于设定新通道的名称，只有在"通道"下拉列表中选择了"新建"后才有效。

● 操作：设定保存时的选区范围和原有的选区范围之间的组合关系。默认为"新通道"，其他 3 个单选按钮只有在"通道"下拉列表中选择已经保存的 Alpha 通道时才有用。

提示：可在"通道"调板中选择通道以查看以灰度显示的存储选区。

　　9．载入选取范围

　　"载入选区"命令是载入以前存储的选区通道。

　　继续前面操作：

　　（5）执行"选择"＞"载入选区"命令，打开"载入选区"对话框，

提示：如果要从另一个图像载入存储的选区，要确保将其打开。同时确保目标图像处于现用状态。

提示：可以将选区从打开的 Photoshop 图像中拖动到另一个图像中。

如图 2-46 所示，载入"红"通道选区。执行"窗口">"色板"命令，显示调色板，单击红色，将前景色指定为红色，按 Alt+BackSpace（←）填充为红色选区。

（6）载入其他"绿"和"蓝"通道选区，用同样的方法相继填充绿色和蓝色，得到如图 2-47 所示效果。按 Ctrl+D 键，取消选区。再次载入"红"选区。

图 2-46　"载入选区"对话框　　　　图 2-47　填充颜色

（7）执行"选择">"载入选区"命令，设置如图 2-48 所示。在"通道"下拉列表框中选择"绿"，在"操作"选项为"与选区交叉"，得到红绿相交部分。用同样方法填充调色板上红与绿之间的黄色，效果如图 2-49 所示。

提示：可通过"选择">"载入选区"命令将选区载入图像重新使用以前存储的选区。

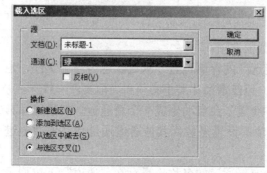

图 2-48　"载入选区"对话框　　　　图 2-49　选区填充颜色

（8）按照步骤（7）的方法，填入红蓝相交的洋红和绿蓝相交的青色，如图 2-50 所示。

（9）最后依次载入三个选区，选取三个颜色的交集部分，填充白色（或按 Delete 键删除），三原色效果如图 2-51 所示。

图 2-50　选区填充颜色　　　图 2-51　三原色的效果

"载入选区"对话框选项：

● 文档：列出当前文件以及已打开且大小相同的其他文件，默认为当前文件。

● 通道：选择通道名称，即选择载入哪一个通道中的选区范围。默认是 Alpha1 通道。

● 反相：选择该复选框，表示将当前通道选区范围与未选中区域互换。

● 操作：如果当前文件中已有选区范围，可对当前选区与载入 Alpha 通道选区范围进行运算。"新选区"，用载入 Alpha 通道内的选区取代当前选区。"添加到选区"，载入的选区范围添加到当前选区范围中。"从选区中减去"，载入的选区范围与当前选区范围相减。"与选取交叉"，选取载入的选区范围与当前选区范围交叉相交的部分。

2.5　选区编辑

前面创建选区（选区工具）与调整选区（选择菜单）的学习，是关于选区范围线的一些操作，那么选区所选内容编辑工作就是本节的主要内容。

选区编辑操作（编辑菜单）包括复制／粘贴、填充和描边、变换、重做和还原等。

2.5.1　复制／粘贴

像其他软件程序一样，Photoshop 的编辑菜单也提供了剪切、复制和粘贴等基本命令。

● 剪切：剪切掉图像中的选区部分，剪切区域被透明色填充，内容临时放到到剪贴板（内存）中，可以使用"粘贴"相关命令贴回原位置，贴到其他图像文件或其他程序中去。

● 拷贝：将当前选区内容复制下来临时放到剪贴板上，原选

也可以从通道调板载入存储的选区。

提示：在通道调板中将包含选区的通道拖动到"载入选区"按钮上方，或者按住 Ctrl 键（Windows）单击要载入选区的通道。

作品内容：三色原理示意图。

提示：在图像内或图像间拖动选区时，可以使用移动工具拷贝选区，或者使用"拷贝""合并拷贝""剪切"和"粘贴"命令来拷贝和移动选区。

提示：用移动工具拖动可节省内存，这是因为此时没有使用剪贴板，而"拷贝""合并拷贝""剪切"和"粘贴"命令使用剪贴板。

技巧：按住 Alt 键（Windows）或 Option 键（Mac OS)，并拖动选区，可在图像中创建选区的多个副本。

技巧：执行复制时，不影响原图像，用户可以多次粘贴使用，直到再次复制或剪切时，剪贴板的内容才会被更新。

注意：当在图像之间拷贝时，将选区从现有图像窗口拖移到目标图像窗口。如果未选择任何内容，将拷贝整个现有图像（图层）。

注意：在不同分辨率的图像中粘贴选区或图层时，粘贴的数据保持它的像素尺寸。可能使粘贴部分与新图像不成比例。最好在拷贝和粘贴之前使用"图像大小"命令，使源图像和目标图像的分辨率相同。

练习目的：学习复制的方法。

区图像内容不发生改变。可以使用"粘贴"相关命令从剪贴板上贴回原位置，贴到其他图像或其他程序中去使用。

● 合并拷贝：在 Photoshop 中，图像可由多个图层组成，"拷贝"命令只在当前图层复制，不影响其他图层。"合并拷贝"命令则把选区内所有可见图层的内容都进行"复制"，并把复制内容合并为单层（不影响或不破坏原图像或图层）。同样使用"粘贴"相关命令，粘贴回原位置，或粘贴到其他图像或其他程序中。

● 粘贴：与剪切、拷贝和合并拷贝命令相对应，将剪切、拷贝或合并拷贝的选区内容粘贴到图像，自动形成一个新图层，或将其作为新图层粘贴到另一个图像。

● 粘贴入：与"粘贴"命令不同的是粘贴目标是特定选择区域。将剪切或拷贝的选区内容粘贴入同一图像或不同图像中的另一个选区中，只填入目标选区内不影响选区外的内容，也形成一个新图层，而目标选区边框将转换为图层蒙版。

● 清除：清除掉选区内容，用透明色填充。与"剪切"命令不同的是清除掉的内容没有放到剪贴板上，而是直接删除，不能再粘贴回来。

1．拷贝／粘贴

在图像内或图像间拖移选区时，可以使用移动工具拷贝选区，或者使用"拷贝""合并拷贝""剪切"和"粘贴"命令拷贝和移动选区。用移动工具拖移可节省内存，这是因为没有使用剪贴板；而"拷贝""合并拷贝""剪切"和"粘贴"命令使用剪贴板。

（1）用磁性套索工具将蝴蝶图像中的蝴蝶选中，如图 2-52 所示。

图 2-52 选择蝴蝶

（2）执行"编辑">"剪切"命令或"拷贝"命令，如图2-53所示。

图 2-53　左图为剪切效果，右图为拷贝效果

（3）单击选择苹果图像，执行"编辑">"粘贴"命令，将复制或剪切的蝴蝶图像粘贴到新图像中，自动生成一个新图层（快捷方式：用移动工具直接将选区拖移至新图像内），如图2-54所示。

图 2-54　粘贴图像

2．合并拷贝与粘贴入

源选区和目标选区可以在同一个图像中，可在不同的图像之间，也可以控制粘贴目标到指定范围（选区）内。

（1）在图2-55中，执行"选择">"全选"命令，全部选择风景图。执行"编辑">"拷贝"（合并拷贝）命令。

图 2-55　风景素材

技巧：使用移动工具或按住Ctrl键转换为移动工具。再同时按Alt键，然后拖移选区或图层，与"粘贴"和"粘贴入"命令作用是相同的。

作品内容：复制蝴蝶。

技巧：若要拷贝选区并以1像素位移复制，按Alt键，然后按箭头键。每按一次箭头键将创建选区的一个副本，并将该副本从上一个副本移动指定的距离。

练习目的：学习合并拷贝与粘贴入的使用方法。

技巧：若要拷贝选区并以 10 像素位移副本，按 Alt+Shift 组合键，然后按键盘方向键 ⬆、⬇、⬅、➡。

(2) 用快速选择工具或魔棒工具时，也可配合使用其他选择工具。选取图 2-56 中窗格空白玻璃。

图 2-56　选择窗格

(3) 执行"编辑">"贴入"命令，将"风景"内容填入到"室内"窗格内，产生从"室内"向外看到"风景"的效果。如果对粘贴的位置不满意，可使用移动工具➤⊕，拖移"风景"源内容，调整位置，如图 2-57 所示。

注意："贴入"操作会向图像添加图层和图层蒙版。图层蒙版基于贴入的选区：选区不使用蒙版（白色）；图层的其余部分使用蒙版（黑色）。

作品内容：从窗户看风景。

图 2-57　将风景贴入窗格内

(4) 在"图层"调板中，源选区的内容在目标选区被蒙版覆盖，缩览图出现在目标选区的图层蒙版缩览图旁边。图层和图层蒙版之间是分离的，也就是说，可以单独移动图层或图层蒙版，如图 2-58 所示。关于图层蒙版参阅后面章节。

图 2-58　贴入形成图层蒙版

2.5.2 填充与描边

在编辑图像时，要经常对选区进行填充或描边操作，通过这些简单的操作可以得到一些特殊的图像效果。填充命令是向选择区或图层内填充颜色或图案，并且可控制填充透明度、模式等。若在填充时没有选区，则将针整个图层的图像进行填充。

1．填充颜色

（1）单击前景色板，打开拾色器，选择红色为前景色。用同样方法设置背景色为白色。如图 2-59 所示。

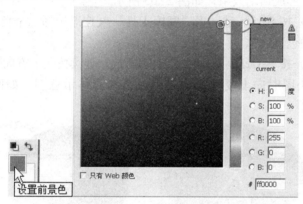

图 2-59 设置前／背景色

（2）用"椭圆选框工具"○建立椭圆选区，执行"编辑"＞"填充"命令，出现"填充"对话框，如图 2-60 所示。使用前景色填充选区，按下"确定"按钮，选区被填充为红色。

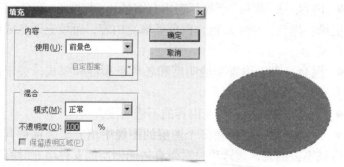

图 2-60 填充选区

（3）按 Alt 键，用"多边形套索工具"☒在椭圆上减少扇形选区，设置前景色为绿色，执行"编辑"＞"填充"命令，填充选区为绿色，如图 2-61 所示。

（4）用"多边形套索工具"☒以同样方法再减少一块扇形选区，填充选区为蓝色，如图 2-62 所示。

提示：如果正在图层中工作，并且只想填充包含像素的区域，请选取"保留透明区域"。

技巧：使用 Alt+Delete 或 Alt+Backspace 组合键可快速填充前景色。

技巧：用 Shift+Backspace 组合键可直接打开填充对话框。

练习目的：学习填充颜色与选区相互关系。

提示：要将前景色填充只应用于包含像素的区域，请按 Alt+Shift+Back-space 组合键（Windows）或 Option+Shift+Delete 组合键（Mac OS）。这将保留图层的透明区域。要将背景色填充只应用于包含像素的区域，请按 Ctrl+Shift+Backspace 组合键（Windows）或 Command+Shift+Delete 组合键（Mac OS）。

技巧：使用 Ctrl+Delete 或 Ctrl+Backspace 组合键可快速填充背景色。

作品内容：饼状示意图。

提示：在进行选择前，可以先将其他的图案库载入弹出式调板。

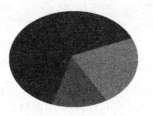

图 2-61　填充扇形　　　图 2-62　填充蓝色
　（第一次切取选区）　　（第二次切取选区）

（5）重新选择两个稍小些的扇形区域，用移动工具稍移开一些位置，形成切割效果，如图 2-63 所示。

（6）按 Shift 键，用"魔棒工具"✎连续选择三个色块，形成三个颜色选区。

（7）按下 Ctrl ＋ Alt 组合键不放，连续按向上方向键⬆，三个色块同时向上复制累积起来成饼状立体示意图，如图 2-64 所示。

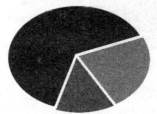

图 2-63　移动切开效果　　　图 2-64　立体饼状图

填充选项包括：

● 内容：在"使用"下拉列表中有前景色、背景色、颜色、图案、历史记录、黑色、50% 灰色、白色等填充内容，可填充颜色或各种图案。

● 混合：用于设置不透明度和各种色彩混和模式，关于混和模式参阅第 4 章相关专题。

● 不透明度：设置填充内容的不透明度。

● 保持透明：控制在多个图层的图像中填充是否保持其他层透明区域不被填充，该选项只对带有透明图层的文件填充时有效。

2．填充定义图案

在选择填充内容时，包括前景色或背景色、图案、历史记录等。填充图案类型除 Photoshop 提供的图案库外，还可以自己创建自定义图案并存储到图案库中，以备使用。

编辑命令中还有"定义笔刷"及矢量绘图中"定义形状"两个命令，是绘画与矢量绘图中的相关内容，详见后面章节。

（1）按 Ctrl+A 全部选择纹理图案或者选择图像其中的一部分。执行"编辑"＞"定义图案"命令，打开"图案名称"对话框，在"名称"文本框中输入图案的名称，如图 2-65 所示，单击"确定"按钮。

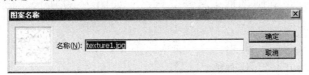

图 2-65　纹理图案和定义图案

练习目的：学习填充图案。

（2）新建一个较大的文件，执行"编辑"＞"填充"命令，打开"填充"对话框，在"使用"下拉菜单中选择"图案"，在"自定图案"下拉菜单中选择刚定义的新图案，如图 2-66 所示。

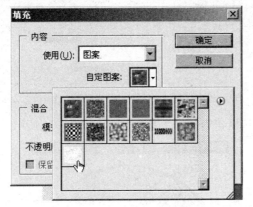

图 2-66　"填充"对话框的自定义图案选项

注意：定义图案时，选取范围必须是一个矩形，并且不带羽化值，否则定义图案命令不能执行。

（3）打开一幅如图 2-67 所示花朵图像，建立椭圆选区，用移动工具移到填充纹理图案的新文件内，如图 2-68 所示。

图 2-67　花朵图像

图 2-68　移入花朵

作品内容：纹理背景的画框。

练习目的：学习描边的使用方法。

3．描边

描边是对选区、当前图层或路径边界进行绘制处理，可控制其描边的宽度和方式。

（1）用椭圆选框工具建立选区，如图 2-69 所示。指定前景色为红色。

（2）执行"编辑"＞"描边"命令，打开"描边"对话框，各项参数如图 2-70 所示。

图 3-69　建立选区　　　　图 3-70　"描边"对话框

提示：如果图层内容填充整个图像，则在图层外部应用的描边将不可见。

（3）对选区进行描边，取消选区如图 3-71 所示。

图 3-71　描边效果

作品内容：描边图像。

描边选项：

● 描边："宽度"控制着色边界以像素为单位的宽度，可以为 1 ～ 16 个像素。

● 颜色：描边显示的色彩。

● 位置：以选区范围边界线为中心描边有居内、中心、居外三种方式。

2.5.3　变换

变换操作可以将缩放、旋转、斜切、扭曲以及透视应用到图像选区、整个图层和路径矢量图形。

● 若要变换选区，创建或载入选区。

● 若要变换图层中的一部分，选择该图层，然后在该图层上建立选区。

● 若要变换整个图层，激活该图层，不选择任何对象。

● 若要变换路径，选择部分或所有路径。如果只选择路径上的点，则只变换与这些点相连的路径段。

1．变换

"变换"包括"缩放""旋转""斜切""扭曲""透视"和"变形"等命令，拖移变换定界框的手柄产生不同的变换效果，也可以在选项栏中输入数值。

（1）指定变换对象：

● 若要变换部分或全部图层，选择图层。执行"编辑"＞"自由变换"命令。

● 若要变换部分路径或形状，选择路径或矢量图形。执行"编辑"＞"自由变换点"或"自由变换路径"命令。

（2）若要缩放，如图 2-72 所示，当光标定位到手柄上时，指针变为双箭头 ，拖移手柄即可。若拖移角手柄时按住 Shift 键可按比例缩放。

图 2-72　缩小图像

（3）若要旋转，如图 2-73 所示，将光标移动到定界框的外部，指针变为弯曲的双向箭头 ，拖移即可旋转。若按住 Shift 键可限制为按 15°增量旋转。

注意："选择"菜单的"变换选区"和"编辑"菜单中的"变换"，区别在于前者只是改变选择范围线而内容保持不变，后者改变选区内容。也就是作用对象不同，前者为了改变选区范围线，而后者是选择内容。

练习目的：了解选区的变换方法。

技巧：按下 Ctrl＋T 组合键可直接进入自由变换状态。

图 2-73　旋转图像

提示：所有变换都围绕一个称为固定参考点的点执行。默认情况下，这个点位于变换的中心。但是，也可以使用选项栏中的参考点定位符更改参考点，或者将中心点移到其他位置。

提示：对图像进行变换，可以向选区、整个图层、多个图层或图层蒙版应用变换；还可以向路径、矢量形状、矢量蒙版、选区边界或 Alpha 通道应用变换。

（4）若要围绕其他点而非选区中心旋转或扭曲，在旋转前将中心点✧拖移到选区中的新位置。中心点✧也可以在要变换的图像、路径或选区部分之外。

（5）若要相对于定界框的中心点扭曲，按住 Alt 键并拖移手柄↖；若要自由扭曲，按住 Ctrl 键（Windows）并拖移手柄。

（6）若要斜切，如图 2-74 所示，定位到边手柄上时，指针变为一个带小双箭头的白色箭头▷，按住 Ctrl+Shift 组合键并拖移边手柄。

图 2-74　图像斜切

（7）若要应用透视，如图 2-75 所示，定位到角手柄指针变为灰色箭头▶，按住 Ctrl+Alt+Shift 组合键并拖移角手柄。若要还原上一次手柄调整，执行"编辑">"还原"命令。

图 2-75　透视效果

注意：若在处理像素时进行变换，将影响图像品质。要对栅格图像应用非破坏性变换，最好使用智能对象。

（8）按 Enter 键或 Return 键或单击选项栏的"好"按钮✔确定变换效果。按 Esc 键或在选项栏中单击"取消"⊘取消变换效果。

（9）在图层调板上单击其他两个风景图层左边第二栏，出现一个层链接图标。使用移动工具将图层一起移动到背景层的中央，如图 2-76 所示，完成立方体包装盒的制作。

提示：变换矢量形状或路径始终不会造成破坏，因为这只会更改用于生成对象的数学计算。

图 2-76　调整图层

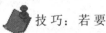
技巧：若要围绕中心点缩放或斜切，在选取"缩放"命令或"斜切"命令时按住 Alt 键（Windows）或 Option 键（Mac OS）。

作品内容：立体包装盒子。

2．翻转或旋转

选取"编辑"＞"变换"，并从子菜单中选取下列命令之一：

● 旋转 180 度：将图像旋转半圈。
● 旋转 90 度（顺时针）：按顺时针方向将图像旋转四分之一圈。
● 旋转 90 度（逆时针）：按逆时针方向将图像旋转四分之一圈。
● 水平翻转：沿垂直轴水平翻转图像。
● 垂直翻转：沿水平轴垂直翻转图像。

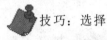技巧：选择
"变换"时同时按
住 Alt 键（Win-
dows）或 Option
键（Mac OS），
可复制变换对象。

图 2-77　翻转效果

3．重复变换

执行下列任一操作：

● 若要在选区或图层上重复变换，执行"编辑"＞"变换"＞"再次"命令。

● 若要在路径上重复变换，执行"编辑"＞"变换点"＞"再次"或"变换路径"＞"再次"命令。

● 若连续执行上次变换操作，可使用 Ctrl+Shift+Alt+T 组合键。

（1）新建"图层 1"，创建椭圆选区，执行"编辑"＞"描边"命令，进行 3 个像素的黑色描边，按 Alt+Ctrl 组合键，向右拖动复制椭圆。按 Ctrl+Alt+Shift 组合键不放，再按 T 键 3 次，自动复制如图 2-78 所示。

（2）按 Ctrl+D 快捷键取消选区，在图层调板中，拖动"图层 1"到调板下方的"新建图层"按钮上，得到一个"图层 1 副本"。

（3）按 Ctrl+T 快捷键，在变换选项栏 （旋转角度）处设置为 30，按回车键确认，如图 2-79 所示。

 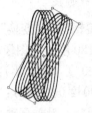

图 2-78　复制曲线　　　图 2-79　复制旋转图层

技巧：在选
择"变换"命令
的同时按住 Alt
键（Windows）或
Option 键（Mac
OS），可在变换项
目时复制该项目。

（4）按住 Ctrl+Alt+Shift 组合键不放，同时按 T 键 4 次，重复几次后得到的效果如图 2-80 左图所示。调整中心位置旋转可以得到不同的曲线变换效果如图 2-80 右图所示。

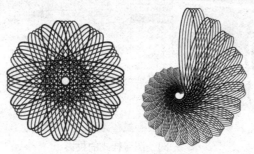

图 2-80　左图复制旋转图层，右图改变中心点变换效果

4．变形

变形可将选区或图层转换为多种预设形状，或者使用自定义选项拖拉图像。变形选项与文字工具预设差不多相同——扇形、上弧、下弧、拱形、凸形、花冠、贝壳、旗帜、鱼形、波浪、增加、鱼眼、膨胀、挤压和扭转。

（1）用矩形选框工具在右下角建立选区，如图 2-81 所示。

图 2-81　建立选区

（2）执行"编辑">"变换">"变形"命令，如图 2-82 所示调整网格线和手柄。

图 2-82　变形调整

（3）选区仍然保持，按 Ctrl+Shift+J 快捷键，将选区剪切

说明：不能变换背景图层。要变换背景图层，请先将其转换为常规图层。

提示：如果要变换某个形状或整个路径，"变换"菜单将变成"变换路径"菜单。如果要变换多个路径段（而不是整个路径），则"变换"菜单将变成"变换点"菜单。

说明：当变换位图图像时（与形状或路径相对），每次提交变换时它都变得略为模糊，因此，在应用渐增变换之前执行多个命令要比分别应用每个变换更可取。

练习目的：了解变形功有的基本使用方法。

为一个新图层。执行"图层">"图层样式">"投影"命令，产生投影效果，如图 2-83 所示。

作品内容：掀角的杂志。

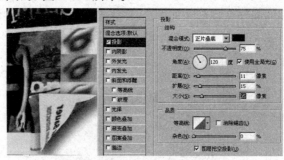

图 2-83　图层样式的投影

2.5.4　还原重做

只要没有关闭退出图像，对于大多数操作都可以还原或重复使用。也就是说，可将图像的全部或部分内容恢复到上次存储的版本。

1．还原重做

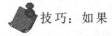

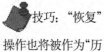

技巧：如果要更快地进行还原和重做，可以使用 Ctrl+Z 快捷键。

还原命令用于复原最后一次的修改效果。重做命令则重新执行已还原的命令。在编辑图像过程中可尝试各种操作，如果不满意可执行此命令，返回操作前状态。例如，当使用椭圆选框工具选择时，编辑菜单下的"还原椭圆选框"命令会自动变成"重做椭圆选框"命令。

2．恢复到上次存储的版本

编辑过程中可以将图像恢复至上次保存状态。

执行"文件">"恢复"命令或按快捷键 F12 即可恢复初始状态。

3．历史记录调板

技巧："恢复"操作也将被作为"历史记录"记录，并且也可以还原。

还原、重做只能还原和重做一次操作，更多步骤的还原与重做操作怎么办呢？

"历史记录"调板主要用于多步骤的还原和重做操作，比"还原""重做"命令操作更加方便，每次图像更改操作都被保存在调板中，可以从当前工作状态跳转恢复到前面的任何一步操作状态。

使用"历史记录"调板可以删除图像制作过程的任何操作，还可以分阶段地创建"快照"文档，以备随时调用。

执行"窗口">"历史记录"命令，或者单击"历史记录"调板选项卡，打开历史记录调板如图 2-84 所示。

图 2-84 历史记录调板

顶部显示图像快照缩略图；中部栏目显示编辑图像的每一步操作记录，每一条记录操作先后完成的顺序由上至下排列，底部是操作按钮。

如果对一幅图像进行了一些步骤的操作，想恢复图像编辑的某一步操作，则只需在历史记录中单击要恢复的某一条记录即可，软件将以深蓝色显示当前图像所处的位置。这样用户可以随意地选择恢复到某一步操作，此时如果进行操作改变图像，则后面的记录（状态）将自动消失。

● "从当前状态创建新文档"按钮：创建以当前操作记录命名的图像作为备份。新创建的文件是未经保存的，用户需要将其保存。

● "创建新快照"按钮：创建新快照显示在历史记录调板顶部。

● "删除当前状态"按钮：可以删除当前的记录（状态）。默认设置下，删除历史记录调板中某一条记录（状态）时，其后面的记录（状态）都将被删除。

历史记录选项：

单击调板右上角的箭头按钮执行"历史记录选项"命令可打开其对话框，如图 2-85 所示。可以设置：

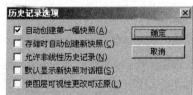

图 2-85 历史记录选项

● 自动创建第一幅快照：可在打开文档时自动创建图像初始状态的快照。

提示：快照不会与图像一起存储——关闭某个图像将会删除其快照。同时，除非在"历史记录选项"对话框中选择了"允许非线性历史记录"选项，否则，如果选择某个快照并更改图像，则会删除"历史记录"调板中当前列出的所有状态。

● 存储时自动创建新快照：可在每次存储时生成一个快照。
● 允许非线性历史记录：改变删除记录时是否附带其后记录（状态）都删除。

2.6 样题解答

（1）打开素材文件夹下 Unit1\leaf.jpg 树叶素材，使用"魔棒工具"单击选择空白处。

执行"选择"＞"反向"命令，选择树叶，如图 2-86 所示。

（2）执行"选择"＞"存储选区"命令保存选区，按下 Alt+Ctrl 键，使用移动工具向下拖移树叶，形成复制树叶。

执行"编辑"＞"变换"＞"旋转"命令，旋转调整树叶的角度，拖动角钮缩小至 70%，如图 2-87 所示。

图 2-86　选择树叶　　　　图 2-87　旋转、缩放复制树叶

（3）执行"编辑"＞"变换"＞"变形"命令，如图 2-88 所示。
（4）调整变形角钮与点钮，形状如图 2-89 所示。

 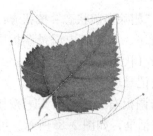

图 2-88　变形形状　　　　图 2-89　变形效果

（5）执行"选择"＞"载入选区"命令载入选区，按下 Alt+Ctrl 键，使用移动工具向右拖移树叶，再次复制树叶。按下 Ctrl+T 键，旋转树叶的角度，如图 2-90 所示。

（6）执行"编辑"＞"变换"＞"变形"命令，调整变形钮，形状如图 2-91 所示。

图 2-90　旋转角度　　　　图 2-91　变形效果

(7) 执行"编辑">"拷贝"命令,执行"选择">"修改">"羽化"命令,设置 30 像素,如图 2-92 所示。

图 2-92　羽化处理

(8) 按下 Alt+Backspace 键,填充背景黑色,如图 2-93 所示。

(9) 执行"编辑">"粘贴"命令,粘贴回树叶。用同样方法制作其他两片树叶阴影效果,如图 2-94 所示。

图 2-93　羽化填允效果型　　　图 2-94　最终效果

第3章 图像调整

图像调整涉及到颜色模式和颜色模型两个概念，颜色模式决定用于显示和打印图像的颜色模型。Photoshop 的颜色模式以建立好的用于描述和重现色彩的模型为基础。也是计算机、扫描仪、打印机、印刷、网页等设备和软件之间准确传输的需要。

由于不同的设备和软件会产生各种色彩模式，各种模式之间的转换和调整就是为了适应图像不同设置的需要。因此也会产生颜色匹配问题，各种调整校正就是用于准确地解释和校正设备之间的颜色误差与损害。

Photoshop 提供了一系列调整图像的色调品质和色彩平衡的命令和功能。对于简单的图像校正，可以使用快速调整命令。

本章主要技能考核点：

● 色阶调整；

● 曲线调整；

● 色相 / 饱和度；

● 色彩平衡；

● 亮度 / 对比度；

● 黑白、反相、阈值、去色。

评分细则：

本章有 3 个基本点，每题考核 3 个基本点，每题 10 分。

序号	评分点	分值	得分条件	判分要求
1	编辑 / 调整	2	按照要求编辑图像或调整色彩	不符合要求不得分
2	色相 / 饱和度	4	按照要求调整色相 / 饱和度	效果相似即可得分
3	色调 / 对比度	4	按照要求调整色调 / 对比度	效果相似即可得分

本章导读：

如上所述，我们明确了本章所要求掌握的技能考核点以及对应《试题汇编》单元的评分点、得分条件和判分要求等。下面我们先在"样题示例"中展示《试题汇编》中一道关于调整葡萄色泽的真实试题，并在"样题分析"中对如何解答这道试题进行分析，然后通过一些案例来详细讲解本章中涉及到的技能考核点，最后通过"样题解答"来讲解"调整葡萄色泽"这道试题的详细操作步骤。

3.1　样题示例

操作要求

调整葡萄色泽，如图 3-1 所示。

图 3-1　效果图

样题示范

练习目的：比例为
从《试题汇编》中
选取的样题，由此
可以观察到本章题
目类型。了解本章
对学习内容的要求。

打开素材文件夹下 Unit2\grape.jpg 素材，葡萄树架如图
3-2 所示。

（1）编辑／调整：选取较大的一串葡萄。

（2）色相／饱和度：色阶调整黑、灰和白场。

（3）色调／对比度：调整图像明亮度与对比度，增加图像光
泽度。

将最终结果以 X2-20.psd 为文件名保存在考生文件夹中。

素材来源：《试题
汇编》第二单元素
材 grape.jpg。

图 3-2　葡萄架素材

作品内容：选取
一串葡萄，使用
Photoshop 调整图
像色调与对比度，
形成自然效果的葡
萄串，为将来整个
作品准备主题素材。

3.2　样题分析

解题和创作思路，所使用的技能要点。

本题是关于色彩调整的题目，也是学习 Photoshop 掌握色彩知识的关键内容。

首先要观察并检测图像的色值，发现图像在拍照时的缺陷，根据作品的创作需要选择实际使用的部分。

然后是使用"色彩平衡""色相／饱和度""替换颜色""可选颜色"等命令调整检查图像色彩；使用"色阶"和"曲线"调整检查图像色调等，完成对色彩／色调／饱和度的校正。

最后使用"亮度／对比度"等命令调整检查图像的阴影、亮度和对比度。

由解题思路可以看出，试题使用到色彩、色调、亮度和对比度相关命令，形成检测校正图像的基本过程。

由作品效果可以看出，从色彩、色调的调整到明亮度、饱和度校正，形成完整的作品色彩校正过程。本章技能要点是摄影、扫描和校正图像的必备知识。

3.3　图像调整

提　示：

Photoshop 中功能强大的工具可增强、修复和校正图像中的颜色和色调（亮度、暗度和对比度）。

3.3.1　图像调整的基本步骤

（1）校准显示器、扫描仪和数码相机。

调整图像的准备工作是校准显示器。首先应使用 Adobe Gamma 或用其他显示器配置程序校准显示器，使其达到符合工作需要的颜色显示标准。否则，显示器上图像的颜色可能与打印件或在另一台显示器上显示的同一个图像相差甚远。

（2）检查载入、扫描图像质量色调范围和颜色。

调整前，应查看图像的"直方图"，检测图像是否有足够的细节产生高品质的输出。直方图中数值的范围越大，细节越丰富。即使可以校正，效果不好的扫描图像和缺少足够细节的照片也很难处理。过多的色彩校正也可能造成像素值损失、细节太少。

（3）调整色调范围。

开始色调调整时，调整图像中最亮和最暗的像素值，设置允许在整个图像中使用及可能的最精细细节的整体色调范围。此过程称为设置高光和暗调或设置白场和黑场。

有多种不同的设置图像色调范围的方法：

● 在"色阶"对话框中沿直方图拖移滑块，设置高光、暗调和中间调。

● 在"曲线"对话框中可以调整图表的形状。可以在 0～255 色调范围调整任何点,并可以最大限度地控制图像的色调品质。

(4)校正色彩。

调整图像的色彩平衡,删除不需要的色偏或校正过饱和或欠饱和的颜色。对照色轮检查图像,确定需要进行的色彩调整。

色彩调整的命令和方法如下:

● "色彩平衡"命令更改图像的总体颜色混合。

● "色相／饱和度"命令调整整个图像或单个颜色成分的色相、饱和度和明亮度值。

● "替换颜色"命令用新的颜色值替换图像中指定的颜色。

● "可选颜色"命令是一种高级色彩校正方法,调整单个颜色成分中印刷色的数量。

● "色阶"和"曲线"对话框允许通过设置单个颜色通道的像素分布来调整色彩平衡。

● "通道混合器"通过调整不同通道颜色的方法也可以进行色彩调整。

(5)在总体上对图像进行快速调整。

"亮度／对比度""自动色阶""自动对比度"和"变化"等命令可以更改图像中的颜色或色调值,但不如高级色彩调整工具那样精确或灵活。它们提供了一种简单的方式,可以在总体上对图像进行快速调整。

(6)进行其他特殊的色彩调整。

校正了图像的总体色彩平衡后,可以根据需要进行调整,增强颜色或产生特殊的效果。

3.3.2　图像校正的一般过程

首先要检查图像,便于对原图像有正确认识,然后才能准确地使用"图像">"调整"子菜单提供的校正图像工具调整图像色调和色彩。

先了解图像一般校正过程:

(1)校正系统(显示器):通常用 Photoshop 提供的 Adobe Gamma 进行显示器的校正。

(2)检查扫描图像的色彩质量和色调范围:主要用 Pho-to-shop 提供的图像"直方图"来判断图像是否有足够的细节和色彩信息以满足高质量的输出。

(3)调整色调:设定图像的黑场与白场确定高光和暗调,调整中间色调。

 提示:传统的摄影师通过使用不同类型的胶片、镜头滤镜实现某些颜色和色调效果,或在暗室中调整摄影印刷品的颜色和色调。而在 Photoshop 中提供全面用于调整和校正颜色和色调并锐化图像的整体方案。

 提　示:Photoshop 中功能强大的工具可增强、修复和校正图像中的颜色和色调(亮度、暗度和对比度)。

（4）调整色彩：调整图像的偏色和色彩平衡。

1．检查图像色调范围

检查图像是为了对原图像有一个正确认识，然后才能正确调整图像色彩和色调。

直方图中数值的范围越大，细节越丰富。效果不好的扫描图像和缺少足够细节的照片即使校正也很难达到满意的效果。过多的色彩校正也可能造成像素值损失、细节太少。

（1）执行"窗口"＞"直方图"命令，若要显示图像某部分的直方图数据，可先建该部分选区，如图 3–3 所示。

直方图是常用的检查图像的基本方法。

 提示：全色调范围的图像在所有区域中都有大量的像素。识别色调范围有助于确定相应的色调校正。

图 3–3　图像直方图

"直方图"调板水平轴表示亮度值或色阶，左端代表的亮度为 0，右端为 255，所有的亮度都分布在这条线段上。这条线所代表的也是绝对亮度范围，从最左端的最暗值（0）到最右端的最亮值（255）。垂直轴表示给定值的像素总数。

"直方图"用图形表示图像的每个亮度色阶处像素的数量，显示像素在图像中的分布情况。直方图显示图像的暗调（显示在左边部分）、中间调（显示在中间部分）和高光（显示在右边部分）中是否包含足够的细节，观察暗调、中间调和高光的总体分布，以便进行更好的校正。

"直方图"提供图像色调范围或图像基本色调类型的快速浏览图。低色调图像的细节集中在暗调处，高色调图像的细节集中在高光处，而平均色调图像的细节集中在中间调处。如果在某一位置处图像包含大量的像素，则表明图像有足够的细节，如图 3–4 所示。

图 3-4　原稿和校正后的图像与直方图对比

提示：默认情况下，"直方图"调板将以"紧凑视图"形式打开，还可以在调板菜单中调整为扩展视图或全部通道视图。

（2）如果在图像调整命令对话框中选择"预览"选项，调整前后色调效果在"直方图"调板中可以对比观察到，如图 3-5 所示，灰色代表色阶调整前的色调分布情况，黑色代表色阶调整后的色调分布情况。

调整前的直方图　　　　　　调整后的直方图

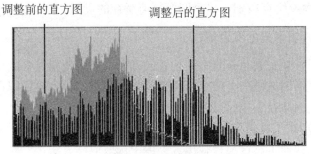

图 3-5　同时显示图像调整前后的直方图

（3）单击 按钮打开"直方图"调板菜单，选择"扩展型"和"显示统计数据"，可观察到统计信息和改变显示色彩通道等，如图 3-6 所示。

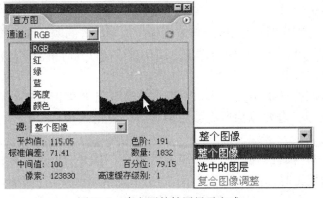

图 3-6　直方图的扩展显示方式

提示：默认情况下，"直方图"调板将在"扩展视图"和"全部通道视图"中显示统计数据。

（4）如果要查看多个图层的图像直方图，可在"直方图"扩展调板方式"源"内"选中图层""整个图像""复合图像调整层"

选项。

（5）将光标置于该点上，可查看"直方图"上特定点的信息，也可在"直方图"中拖移以突出显示该范围，查看一定范围值的信息，有关像素亮度值的统计信息出现在直方图的下方。

- 平均值：表示平均亮度值。
- 标准偏差：表示亮度值的变化范围。
- 中间值：显示亮度值范围内的中间值。
- 像素：用于计算直方图的像素总数。
- 色阶：显示指针下面的区域的亮度级别。
- 数量：表示指针下面亮度级别的像素总数。
- 百分位：显示指针所指的级别或该级别以下的像素累计数。该值表示为图像中所有像素的百分数，从最左侧的 0% 到最右侧的 100%。
- 高速缓存级别：显示图像高速缓存的设置。

2．查看像素的颜色值

使用吸管工具可查看单个位置的颜色，或者使用最多四个颜色取样器显示图像中一个或多个位置的颜色信息。这些取样器存储在图像中，因此在工作时可以随时参考。

（1）在工具箱选择吸管工具 或颜色取样器工具 ，从吸管或颜色取样器工具选项栏弹出式菜单中选取取样方法：

取样点：读取单个像素的值。

3×3 平均：读取 3×3 像素区域的平均值。

5×5 平均：读取 5×5 像素区域的平均值。

（2）取样器工具 在图像上最多放置 4 个，单击要放置取样器的位置即可。

调整图像时按住 Shift 键在图像上放置另外的颜色取样器。

按住 Alt+Shift 组合键，在调整对话框打开时单击取样器可删除颜色取样器。

将取样器拖出文档窗口，或按住 Alt 键并单击取样器删除颜色取样器。若要删除所有颜色取样器，单击选项栏中的"清除"按钮。

（3）执行"窗口"＞"信息"命令，打开"信息"调板。进行色彩校正时，在应用之前，"信息"调板显示指针下像素的两组颜色值，左栏中的值是像素原来的颜色值，右栏中的值是调整后的颜色值，如图 3-7 所示。

 提示：要取消更改但不关闭颜色调整对话框，可按住 Alt 键（Windows）或 Option 键（Mac OS），将"取消"按钮更改为"复位"；然后单击"复位"，这将使对话框重设为它在更改前所包含的值。

提示："颜色"调板还会在吸管下显示像素的颜色值。

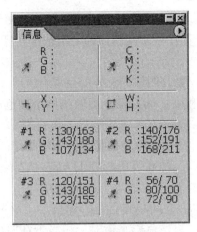

图 3-7　颜色信息调板

3．调整色调

开始色调校正时，调整图像中最亮和最暗的像素值，设置允许在整个图像中使用的整体色调范围。此过程称为设置高光和暗调或设置白场和黑场。

设置高光和暗调将适当地重新分布中间调像素。但是，当像素值集中在色调范围的任意一端时，可能需要手工调整中间调。对于已经具有一定量，集中的中间调细节的图像，通常不需要调整图像的中间调。

使用"图像"＞"调整"子命令有多种不同的调整图像色调范围的方法：

● 在"色阶"对话框中沿直方图拖移滑块。

● 在"曲线"对话框中可以调整图表的形状曲线。此方法可以在 0～255 色调范围调整任何点，并可以最大限度地控制图像的色调品质。

● 在使用"色阶"或"曲线"对话框时，为高光和暗调像素指定目标值。此方法对于需印刷出版的图像非常有用。

● 用"阴影／高光"调整色调范围，特别适合调整校正照片，因为强光曝光度强，而弱光又比较黑暗。

4．校正色彩

对于简单的图像校正，可以使用快速调整命令。

校正图像色彩，删除不需要的色偏或校正过饱和或欠饱和的颜色。对照色轮检查图像，确定需要进行的色彩调整。可以使用"图像"＞"调整"子命令的色彩调整方法。

● 自动色彩：快速更改图像的色彩平衡。

注意：进行色彩调整时，若要最好地保留图像中的原始细节，可在 16 位／通道图像完成色彩调整后，再转回 8 位／通道。

提示：在 CMYK 和 RGB 中校正颜色可避免在不同模式之间多次进行转换造成颜色值丢失。可以从一个窗口中在 RGB 模式下编辑图像，从另一个窗口中查看同一个图像的 CMYK 颜色。选择"窗口"＞"排列"＞"为（文件名）新建窗口"可打开另一个窗口。为"校样设置"选择"工作中的 CMYK"，然后选择"校样颜色"命令，在一个窗口中打开 CMYK 预览。

● 匹配颜色：可以是从一个图像到另一个图像、一个图层到另一个图层、一个图像或不同图像的一个选区到另一个选区的颜色匹配。

● 色彩平衡：更改图像的总体颜色混合。

● 色相／饱和度：调整整个图像或单个颜色成分的色相、饱和度和明亮度值。

● 替换颜色：用新的颜色值替换图像中指定的颜色。

● 可选颜色：一种高级色彩校正方法，它调整单个颜色成分中印刷色的数量。

● 通道混合器：也可以进行色彩调整。

● 照片滤镜：调整色彩平衡时，相当于在照相机镜头前面加一个产生摄影效果的滤镜。

3.4 色调调整

Photoshop "图像"＞"调整"子菜单提供了许多调整图像的命令，这种方法将改变现用图层中的像素。图像调整前应选择合适的模式，可考虑将图像拷贝或放在新图层上，避免原始图像被破坏。

还有一种方法就是使用调整图层，在不修改图像中的像素的情况下进行颜色和色调调整，颜色或色调更改发生在调整图层内，该图层像一层透明膜一样，下层图像图层透过它显示出来。

图像的调整可以对所有或单个颜色通道进行。如果要对图像的一部分进行调整，需建立该部分选区。如果没有选择任何内容，调整将应用于整个图层或图像。

"图像"＞"调整"子菜单色阶、曲线、色相／饱和度、替换颜色、可选颜色和变化对话框中的"存储"和"载入"按钮允许存储设置并将其应用到其他图像。

在校正图像前，应当识别图像中的最亮和最暗区域，它们所代表的高光和暗调区域很重要。否则，色调范围可能会被不必要地扩展，从而包括不会提供图像细节的极端像素值。

● 白场：指图像中最白的区域（白色），无任何的细微层次，在纸张上不会打印油墨。例如，耀眼的亮点就是反白光，不是可打印的高光。

● 黑场：指图像中最黑的区域（黑色），无任何的细微层次。

● 亮调（白场、高光）：指图像中包含细微层次且最亮，但可打印的区域。

- 暗调（黑场）：指图像中包含细微层次且最深区域。
- 中间调：是介于亮调和暗调之间的色调，是视觉最敏感、层次最丰富的区域。

　　一般的图像问题可由"图像">"调整"子菜单的自动色阶、自动颜色和自动对比度命令直接完成，精细调整需用其他相调整命令。

3.4.1　色阶调整

　　"色阶"对话框可以通过调整图像的暗调、中间调和高光等强度级别，校正图像的色调范围和色彩平衡。"色阶"直方图用作调整图像基本色调的直观参考。可以对选区、图层、通道进行调整。"色阶"对话框中的设置可以存储，应用于另一幅图像的色调调整。

　　（1）执行"图像">"调整">"色阶"，打开"色阶"对话框，如图 3-8 所示。

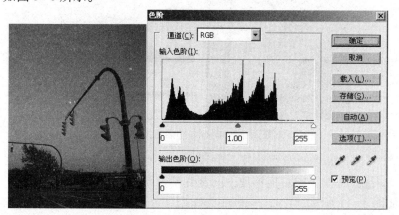

图 3-8　"色阶"对话框

　　（2）直方图下面有黑色、灰色和白色 3 个滑块，其中黑色滑块代表最低亮度（纯黑），也可以说是黑场；白色滑块是纯白；而灰色的滑块就是中间调。

　　将白色滑块△往左拖移，或输入数值（例如 150），可观察到图像变亮，如图 3-9 所示。这相当于从 150 至 255 这一段的亮度都被合并为 255。也就是说，白色滑块代表纯白，它所在的地方就必须提升到 255，之后也都统一停留在 255 上，形成一种高光区域合并的效果。

　　（3）同样的道理，将黑色滑块▲向右移动就是合并暗调区域。在"输出色阶"文本框中输入数值，也将使图像变暗，如图 3-10 所示。

练习目的：学习色阶调整方法。

素材来源：打开《试题汇编》第二单元 crosse.jpg 素材图。

 提示：在色阶对话框中，▲阴影、△中间调、▲高光、"自动"应用自动颜色校正、"选项"打开"自动颜色校正选项"对话框。

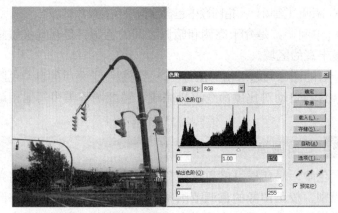

提示：如果剪贴了阴影，则像素为全黑，没有细节。如果剪贴了高光，则像素为全白，没有细节。

图 3-9　向左移动白色滑块

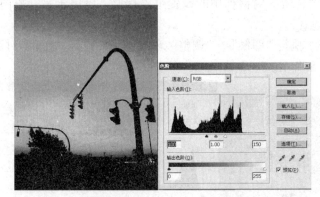

图 3-10　向右移动黑色滑块

"输入色阶"滑块将黑场和白场映射到"输出"滑块的设置。中间输入滑块用于调整图像中的灰度系数。它会移动中间调（色阶 128），并更改灰色调中间范围的强度值，但不会明显改变高光和阴影。

（4）如果图像需要校正中间调，可使用"输入色阶"的灰色滑块▲。将滑块向右拖移使中间调变暗，向左拖移使中间调变亮，如图 3-11 所示。

图 3-11　向左移动灰色滑块

1. 自动色阶

图 3-12 所示为 RGB 通道的直方图和色阶对话框，RGB 之间

相差不大，RGB 的山峰和低谷都在相近的位置上。

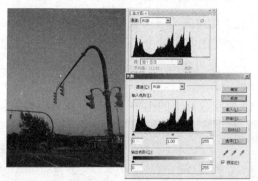

图 3-12　原始图像

　提　示：可以直接在第一个和第三个"输入色阶"文本框中输入值，也可以直接在中间的"输入色阶"文本框中输入灰度系数调整值。

"色阶"对话框的"自动"按钮可以使 RGB 的 3 个通道中的色阶扩展到全范围。如果图像是 CMYK 模式就将 CMY 通道扩展到全范围。注意，如果使用不当会造成偏色。

图 3-13 所示为使用"自动"功能效果。

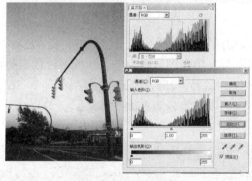

图 3-13　自动色阶效果

自动命令有多种作用方式，单击"色阶"对话框的"选项"按钮，如图 3-14 所示。

　注　意：单击"自动"按钮，可以将高光和暗调滑块自动移动到最亮点和最暗点，这与使用"图像">"调整">"自动色阶"命令效果是一样的。对于平均色调图像，这种方法可以满足要求。

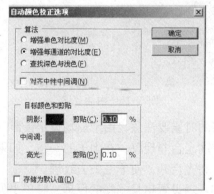

图 3-14　自动颜色校正选项

提示：默认情况下，"输出"滑块位于色阶0（像素为全黑）和色阶255（像素为全白）处。因此，在"输出"滑块的默认位置，如果移动黑色输入滑块，则会将像素值映射为色阶0，而移动白场滑块则会将像素值映射为色阶255。其余的色阶将在色阶0和255之间重新分布。这种重新分布情况将会增大图像的色调范围，实际上增强了图像的整体对比度。

2．设置白场

"色阶"右下角位置有三个吸管，分别是设置黑场，设置灰场，设置白场在图像中单击，意味着将单击处的像素作为纯黑、纯灰、纯白。不过有可能造成图像的原色调偏差，事实上它们也经常被用来修正色偏。

如图 3-15 所示公路上的山羊，图像整体有轻微的偏绿现象。

图 3-15　原始图像

根据经验，山羊头顶的毛应该是白色的。在"色阶"对话框中，选择白场设定工具，单击图像上山羊头顶的毛，代表将此处像素设为纯白，即 RGB（255，255，255），效果如图 3-16 所示。图像产生了变化，色彩调整为较为准确的效果。

图 3-16　白场效果

在选定白场的时候要注意，由于白场设定会影响所有通道的颜色，很容易造成高光合并现象。在山羊的头顶，如果单击稍暗的区域，就容易造成高光合并，使羊毛失去纹理。

黑场设置和灰场设置也是一样的原理，将单击处的像素降至纯黑和 50% 黑（灰）。

3.4.2　曲线调整

　　与"色阶"对话框一样，"曲线"对话框也允许调整整个图像的色调。但"曲线"不是只使用三个变量（高光、暗调、中间调）进行调整，可以调整 0 ~ 255 范围内的任意点。也可以使用"曲线"对图像中的个别颜色通道进行精确的调整。该命令使用非常广泛，功能很强大。

　　（1）执行"图像"＞"调整"＞"曲线"命令，打开"曲线"对话框，如图 3-17 所示。

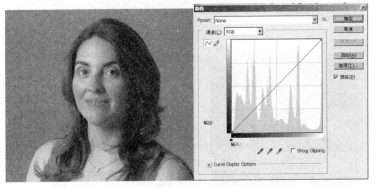

图 3-17　原图

　　（2）曲线对话框内置了色阶参考直方图，如图 3-18 所示。拖动"输入"处的黑三角（线段下端点）和白三角（线段上端点）滑块，可以分别对暗部和亮部进行调整。"输入"条与"色阶"调板保持一致，也可以直接通过调整曲线来改变中间色调。

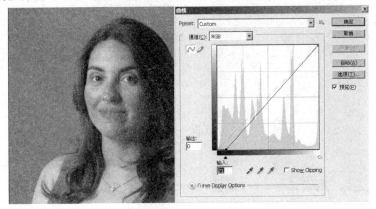

图 3-18　曲线调整

　　（3）分别对其 RGB 通道进行调色，图 3-19A、B、C 所示为红、绿、蓝通道调整效果。

提示：在"曲线"对话框中通过编辑点调整曲线，使用铅笔绘制曲线，高光，阴影，黑场滑块和白场滑块，曲线显示选项，设置黑场，设置灰场，设置白场。

提示：通过选择"曲线显示选项"下方的直方图选项，可以在"曲线"对话框中以叠加方式查看图像的直方图。

技巧：在图像中按住 Ctrl 键并单击，可以设置"曲线"对话框中指定的当前通道中曲线上的点。

技巧：在图像中按住 Shift+Ctrl 组合键并单击，可以在每个颜色成分通道中（但不是在复合通道中）设置所选颜色曲线上的点。

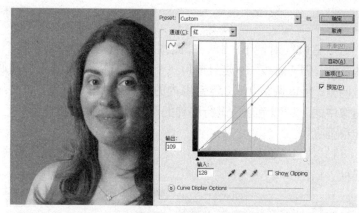

图 3-19A 调整红色通道

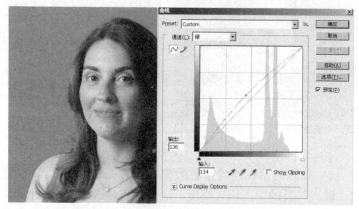

图 3-19B 调整绿色通道

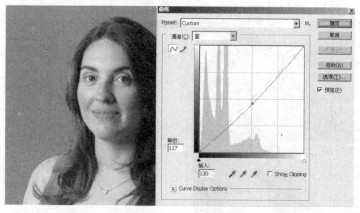

图 3-19C 调整蓝色通道

（4）回到 RGB 通道，红、绿、蓝三种颜色曲线也出现在线框里，把图片整体调亮，如图 3-20 所示。

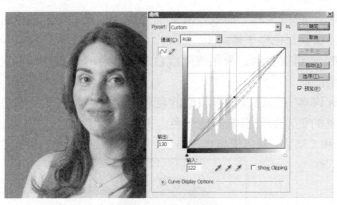

图 3-20　整体调亮

（5）用曲线修正的照片前后效果如图 3-21 所示。原图片中偏红的色调已被修正，增强了层次感。

图 3-21　调整效果

曲线显示选项：

- 通道曲线：显示不同通道的曲线；
- 基准线：显示浅灰色对角线基准线；
- 直方图：显示色阶直方图；
- 参考线：显示拖动曲线水平和竖直方向的参考线。

3.5　色彩校正

删除不需要色偏、校正过饱和或欠饱和的颜色。对照色轮检查图像，确定需要进行的色彩校正。

- 色彩平衡：更改图像的总体颜色混合。
- 色相／饱和度：调整整个图像或单个颜色成分的色相、饱和度和明亮度值。
- 替换颜色：用新的颜色值替换图像中指定的颜色。
- 可选颜色：是一种高级色彩校正方法，它调整单个颜色成分中印刷色的数量。

技巧：按住 Shift 键并单击曲线上的点可以选择多个点。所选的点表现为黑色实心状态。

技巧：在网格中按住 Ctrl+D 组合键，可以取消选择曲线上的所有点。

技巧：按箭头键可移动曲线上所选择的点。按 Ctrl+Tab 组合键可以向前移动曲线上的控制点。按 Shift+Ctrl+Tab 组合键可以向后移动曲线上的控制点。

注意：通常色阶和曲线对大多数图像进行色调时，也可进行色彩校正。

技巧：可以使用"色阶"对话框或"曲线"对话框中的"设置灰场"吸管工具，先确定应为中性色的区域，然后从该区域中移去色痕，即从过量的颜色（红色、绿色、蓝色或青色、洋红、黄色）中移去不需要的色调。

- "色阶"和"曲线"对话框允许通过设置单个颜色通道的像素分布调整色彩平衡。
- 通道混合器：采用改变混合通道颜色的方法也可以进行色彩调整。

有许多方法可以获得相似的色彩平衡关系，例如使用色轮观察颜色的更改如何影响其他颜色，并且可以了解这些更改如何在 RGB 和 CMYK 颜色模型之间转换，如图 3-22 所示。

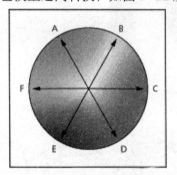

图 3-22　色轮表

A. 绿色；B. 黄色；C. 红色；D. 洋红；E. 蓝色；F. 青色

通过调整色轮中两个相邻（或图像中相对应）的颜色，甚至将两个相邻的色彩调整为其相反的颜色，可以增加或减少一种颜色。

例如，在 CMYK 图像中，可以通过添加青色和黄色来减少洋红。在 RGB 图像中，可以通过删除红色和蓝色或通过添加绿色来减少洋红。这些调整都会整体减少洋红的色彩。

3.5.1　色彩平衡

"色彩平衡"命令更改图像的总体颜色混合，从而使整体图像的色彩平衡。虽然曲线命令也可以实现此功能，但色彩平衡命令更方便、更快捷。该命令只有在查看复合通道时才可用。

练习目的：掌握色彩平衡的使用方法。

（1）执行"图像" > "调整" > "色彩平衡"命令，打开"色彩平衡"对话框，如图 3-23 所示。

素材来源：打开《试题汇编》配套素材第二单元 tower.jpg 素材图。

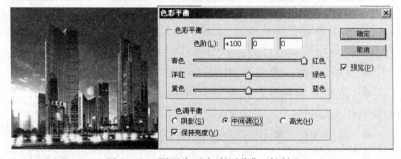

图 3-23　原图和"色彩平衡"对话框

（2）如图 3-24 所示，分别调整中间调部分的红色 +100（左图），阴影部分的红色 +100（中图），高光部分的红色 +100（右图）效果，可以看到不同加亮部位的区别。

图 3-24　色彩平衡调整效果

色彩平衡选项：

● 色彩平衡："色阶"右边的 3 个文本框分别对应其下面的 3 个滑块。调整滑块或在文本框中输入数值可以控制 RGB 三原色到 CMY 之间对应的色彩变化。将滑块拖向要在图像中增加的颜色，相反方向的颜色在图像中减少。滑块位置改变，青色－红色、洋红－绿色和黄色－蓝色通道的颜色随之变化。数值范围可以从 −100 到 +100。

● 色调平衡：选择"阴影""中间调"或"高光"可以设置、更改图像的色调范围。

● 保持亮度：防止图像的亮度值随颜色的更改而改变。还可以保持图像的色调平衡。

3.5.2　色相／饱和度

"色相／饱和度"可以调整整个图像或图像中单个颜色成分的色相、饱和度和明度。

（1）选择图中蓝色瓶子，如图 3-25 所示。执行"图像"＞"调整"＞"色相／饱和度"命令，打开"色相／饱和度"对话框。

作品内容：大厦夜景。

《试题汇编》2.16 题使用此范例。

技巧：选取"图层"＞"新建调整图层"＞"色彩平衡"。在"新建图层"对话框中单击"确定"，可创建调整图层，保护原有图像不被改变。

提示：在色轮上，直径方向表示饱和度，圆周方向表示色相。

练习目的：学习色相／饱和度的使用方法。

素材来源：打开《试题汇编》配套素材第 2 单元 rainbath. jpg 素材图。

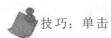 技巧：单击"复位"按钮可取消"色相／饱和度"对话框中的设置。按 Alt 键（Windows）或 Option 键（Mac OS）可将"取消"按钮更改为"复位"。

图 3-25　原图和"色相／饱和度"对话框

　　（2）选择"着色"选项，移动色相滑块至绿色，调整饱和度，改变瓶子颜色为绿色，如图 3-26 所示。

图 3-26　改变瓶子颜色为绿色

作品内容：更换包装瓶子的颜色。

《试题汇编》2.5 题使用此范例。

　　色相／饱和度选项：
　　在"色相／饱和度"对话框中，下部显示有两个颜色条，它们以各自的顺序表示色轮中的颜色。上面的颜色条显示调整前的颜色，下面的颜色条显示调整后以全饱和状态所有色相。

● 编辑：全图可以一次调整所有颜色。也可选取专色，一个调整滑块会出现在颜色条之间，可以用它来设定任何范围的色相，如图 3－27 所示。

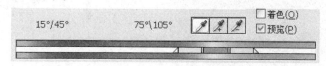

图 3－27　编辑"单色"调整的颜色条

● 色相：框中显示数值反映颜色在色轮中旋转的度数。正值表示顺时针旋转，负值表示逆时针旋转。数值的范围可以从 －180 到 ＋180。

● 饱和度：控制图像色彩的浓淡程度，类似电视机中的色彩调节。调整饱和度时，下方的色谱同时跟着改变。调至最低的时候图像就变为灰度图像了。对灰度图象改变色相是没有作用的。数值的范围可以从 －100 到 ＋100。

● 明度：如果将明度调至最低会得到黑色，调至最高会得到白色。对黑色和白色改变色相或饱和度都没有效果。数值范围可以从 －100 到 ＋100。

● 两个颜色条：以各自的顺序表示色轮中的颜色。上面颜色条显示调整前的颜色，下面颜色条显示调整后如何以全饱和状态影响所有色相。按住 Ctrl 键拖移颜色条，可使不同的颜色位于颜色条的中心。

3.5.3　照片滤镜

"照片滤镜"模拟在照相机的镜头前添加一个有色镜片，用以调整色彩平衡和光线色温处理曝光不足的胶片。在"照片滤镜"对话框中，有许多内建的过滤选择，但也可以自定颜色选择。

（1）执行"图像"＞"调整"＞"照片滤镜"命令，打开"照片滤镜"对话框，如图 3－28 所示。

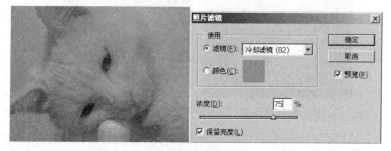

图 3－28　素材原图和照片滤镜对话框

（2）照片滤镜效果如图 3－29 所示，再进行色阶亮度调整如

提示：色相／饱和度专色调整滑块；205°／236°"色相"滑块值、调整衰减而不影响范围、调整范围而不影响衰减、调整颜色范围和衰减、移动整个滑块

提示：默认情况下，在选择颜色成分时选定的颜色范围是 30 度宽，即两端都有 30 度的衰减。衰减设置得太低会在图像中产生带宽。

练习目的：学习照片滤镜的使用方法。

素材来源：打开《试题汇编》第二单元 cat.jpg 素材图。

《试题汇编》2.17 题照片校色使用此范例。

作品内容：调整色偏的照片。

提示：加温滤镜（85 和 LBA）及冷却滤镜（80 和 LBB）用于调整图像中的白平衡。

提示：加温滤镜（81）和冷却滤镜（82）是通过使用光平衡滤镜来对图像的颜色品质进行细微调整。

颜色：根据所选颜色预设时图像应用色相进行调整。

注意：必须在 Photoshop 中同时打开多幅图像（2 幅或更多），才能够在多幅图像中进行色彩匹配。

练习目的：学习匹配颜色的方法。

图 3-30 所示。

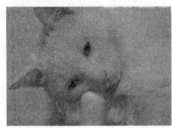 

图 3-29 照片滤镜调整效果　　　　图 3-30 色阶处理效果

照片滤镜选项：

- 滤镜：包括内建滤色供选择使用；
- 颜色：单击色块重新取色；
- 浓度：控制着色的强度，数值越大，滤色效果越明显。
- 保持亮度：可以在滤色的同时维持原来图像的明暗分布层次。

3.5.4 匹配颜色

通过一幅图像与另一幅图像的匹配色彩，使同类产品图像外观色调趋同。

有时可能因为天气不佳、时间限制或室内照明不同使得照片色调不一。如果希望两张照片色调相近，感觉照片似乎是同一时段、同一相邻区域拍摄所得，用匹配颜色功能能够很轻易地解决这类色调不符的问题。

"匹配颜色"命令只适用于 RGB 颜色模式的图像。"匹配颜色"命令也可以用来调整图像的亮度、饱和度和色彩平衡。

（1）打开两张不同色调的图像，如图 3-31 和图 3-32 所示。

图 3-31 暖色调　　　　　　　图 3-32 冷色调

（2）要让这两张照片的色调看起来相似，首先选择暖色调"室内"图片，执行"图像">"调整">"匹配颜色"命令，打开"匹配颜色"对话框，如图 3-33 所示。

图 3-33　"匹配颜色"对话框

（3）在"源"下拉列表中，选择要匹配出类似色调的资料来源，这里选择"划船"。图 3-34 所示分别是将"室内"作为目标图像，将"划船"作为源图像，以及两者交换后进行完全颜色匹配和中和颜色匹配的效果。

图 3-34　匹配颜色效果

（4）除了参照另外一幅图像进行匹配以外，如果正在制作的图像中有多个图层，也可以在本图像中的不同图层之间进行匹配。如图 3-35 所示，同一图像中的不同图层上就可以直接指定图层间的匹配，此时并不需要打开其他的图像。需要注意的是，所选择的图层将作为目标图像。

提示：当使用"匹配颜色"命令时，指针将变成吸管工具。在调整图像时，使用吸管工具可以在"信息"调板中查看颜色的像素值。"信息"调板会在使用"匹配颜色"命令时提供有关颜色值变化的反馈。

作品内容：匹配两个图像之间的颜色。

提示：匹配同一图像中两个图层的颜色。

 提示：也可用匹配颜色命令移去色调。

 提示：可以使用"匹配颜色"控件向图像分别应用单个校正。例如，可以只调整"亮度"滑块以使图像变亮／变暗，而不影响颜色。或者可以根据所进行的色彩校正的不同使用不同组合的控件。

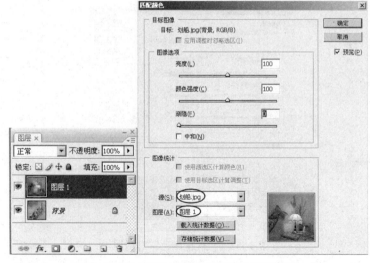

图 3-35　同文件不同图层之间进行匹配颜色

匹配颜色选项：

● "目标图像"选项组：目标图像中显示被修改的图像文件名，如果目标图像中有选区存在的话，文件名下方的"应用调整时忽略选区"项目就会有效，此时可选择只针对选区还是针对全图进行色彩匹配。

● "图像统计"选项组：可以选择颜色匹配所参照的源图像文件名，这个文件必须是同时在 Photoshop 中处于打开状态的。如果源文件包含了多个图层，可在图层选项列表中选择只参照其中某一层进行匹配。

● "图像选项"选项组：匹配效果种类设置。"中和"将使颜色匹配的效果减半，这样最终效果中将保留一部分原先的色调。

● "存储统计数据"按钮：将本次匹配的色彩数据存储起来，文件扩展名为 .sta。这样下次进行匹配的时候可载入再次使用，也就是说，在这种情况下就不需要再在 Photoshop 中同时打开其他的图像或图层了。载入颜色匹配数据可以被编辑到自动批处理命令中，这样可很方便地针对大量图像进行同样的颜色匹配操作。

3.5.5　替换颜色

"替换颜色"命令可以在图像中替换图像中的特定颜色，可以设置标识区域的色相、饱和度和明亮度。相当于"色彩范围"与"色相／饱和度"命令的结合，确定范围再改变颜色。

（1）执行"图像"＞"调整"＞"替换颜色"命令，打开"替换颜色"对话框，如图 3-36 所示选项。

图 3-36　原图与"替换颜色"对话框

提示：由"替换颜色"命令创建的临时选区蒙版，在预览框中被蒙版区域是黑色，未蒙版区域是白色。部分被蒙版区域（覆盖有半透明蒙版）会根据不透明度显示不同的灰色色阶。

（2）使用吸管工具选择需要改变的颜色（鸟巢中的蛋）。"颜色"表示所选择的是原始色彩。调整"置换"选项组的色相、饱和度和明度，新设置的颜色显示在"结果"中，效果如图 3-37 所示。

练习目的：学习替换颜色的使用方法。

作品内容：更换蛋的颜色。

图 3-37　替换颜色效果

"替换颜色"选项：

技巧：选择吸管工具，在图像或预览框中单击可以选择未蒙版的区域。

● 颜色容差：拖移或输入数值来调整蒙版的容差。此选项控制选区中相关颜色的程度。

● 选区：在预览框中显示蒙版。被蒙版区域是黑色，未蒙版区域是白色，部分被蒙版区域（覆盖有半透明蒙版）会根据不透明度显示不同的灰色色阶。

按住 Shift 键单击或使用带"+"号的吸管 按钮添加区域；按住 Alt 键单击或使用带"−"号的吸管 按钮删除区域。

● 图像：在预览框中显示图像。在处理放大的图像或屏幕空间有限时，该选项非常有用。

3.6 样题解答

（1）打开素材文件夹下 Unit2\grape.jpg 素材，葡萄架如图 3-38 所示。

图 3-38　葡萄架素材

（2）使用磁性套索工具或快速选择工具，设置适当的工具选项，选择较大的一串葡萄，如图 3-39 所示。

图 3-39　选择葡萄

（3）执行"编辑">"拷贝"命令复制选区，再执行"文件">"新建"命令建立一个新文件，执行"编辑">"粘贴"命令（或者使用移动工具拖移），将葡萄串复制到新文件内，如图 3-40 所示。

图 3-40　复制葡萄串

（4）执行"图像"＞"调整"＞"色阶"命令，打开"色阶"
对话框，分别调整"黑场""灰场"与"白场"滑块，或直接改
变其数值，减少黑色调强度，扩大灰色调强度，增强明亮度。单
击"确定"按钮，形成色调层次分明的图像，如图 3-41 所示。

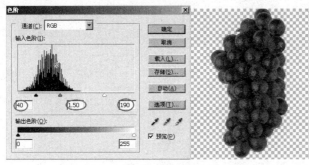

图 3-41　色阶调整

（5）执行"图像"＞"调整"＞"亮度／对比度"命令，打开"亮
度／对比度"对话框，分别调整"亮度"和"对比度"，或直接
改变其数值，增强亮度和对比度。单击"确定"按钮，形成明暗
清晰的图像，如图 3-42 所示。

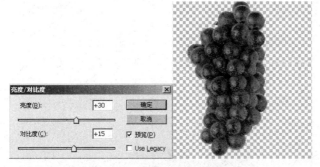

图 3-42　调整亮度与对比度

（6）最终葡萄串效果如图 3-43 所示。

图 3-43　最终效果

第4章　点阵绘画

Photoshop 被喻为全球最专业的图像处理软件之一，因为它不但可以对图像处理、编辑，而且在 Photoshop 中可以绘制图形图像。利用其绘画工具可以创建出逼真的绘画效果，具有神奇的艺术性。

本章将通过各种绘画类工具掌握绘画技巧，了解使用色彩，与选区的关联等。

画笔 ∥、铅笔 ∥、颜色替换 ❤ 等绘画类工具；

橡皮擦涂类工具 ⌫ ∅ ❤；

油漆桶 ⬥ 和渐变颜色填充 ▢ 类工具；

历史记录画笔 / 历史记录艺术画笔工具 ⍤ ⍤；

拾色器选取色彩工具 ▢。

本章主要技能考核点：

- 颜色拾取器 / 调色板；
- 设置画笔 / 画笔调板；
- 画笔 / 颜色替换工具；
- 铅笔工具；
- 渐变工具 / 油漆桶工具；
- 橡皮擦涂类工具；
- 色彩混合；
- 点阵绘画。

评分细则：

本章有 3 个基本点，每题考核 3 个基本点，每题 15 分。

序号	评分点	分值	得分条件	判分要求
1	设定画笔	6	设置正确的画笔	绘画工具不要求
2	绘画涂抹	6	按照要求绘画	形状不相似不给分
3	图像修饰	3	根据要求润饰画面	允许一定的创意发挥

本章导读：

如上所述，我们明确了本章所要求掌握的技能考核点以及对应《试题汇编》单元的评分点、得分条件和判分要求等。下面我们先在"样题示例"中展示《试题汇编》中一道制作水滴溅出效果的真实试题，并在"样题分析"中对如何解答这道试题进行分析，然后通过一些案例来详细讲解本章中涉及到的技能考核点，最后通过"样题解答"来讲解"水滴溅出效果"这道试题的详细操作步骤。

4.1 样题示例

样题示范

练习目的: 通过《试题汇编》中选取的样题了解本章题目类型和对学习内容的要求。

素材来源:《试题汇编》第三单元素材 water.jpg。

作品内容: 通过在选区绘画高光、中间调形成半透明水珠, 通过变形和复制形成水流飞溅的水花。

|操作要求|

制作水滴溅出效果, 如图 4-1 所示。

图 4-1　效果图

(1) 设定画笔: 设置柔和、白色、半透明度的小画笔。

(2) 绘画涂抹: 在小圆形选区内涂抹水珠的高光区和反射区, 如图 4-2 所示。

(3) 图像修饰: 复制变形水珠, 合成素材文件夹下 Unit3\water.jpg 背景图像。

将最终结果以 X3-20.psd 为文件名保存在考生文件夹中。

图 4-2　绘制水珠和背景素材

4.2 样题分析

掌握绘画技能是 Photoshop 学习的重要内容。

首先选择画笔的大小、颜色、方式、不透明度等, 设置画笔是绘画作品的重要工作。

使用画笔在一定范围绘画水滴的高光区、阴暗区和反光区, 产生立体效果。

最后可根据题目或作品的需要, 进行变换形状等相关处理。

解题和创作思路, 所使用的技能要点。

由解题思路可以看出, 先设置画笔、再绘制图像, 整个题目是从水滴的透视、光线来表现的。作品水平高低与每个人的美术基础是相关联的, 所以具有一定美术基础是掌握电脑绘画的根本, 否则高水平作品的创作无从谈起。

4.3　调色板

像现实中一样，绘画之前需要选择色彩。在 Photoshop 中就是设置前景色和背景色，应用于画笔、铅笔等工具进行绘画。Photoshop 也可以将前景色和背景色应用于填充、描边和滤镜等。

1．拾色器

（1）图 4-3 所示为工具箱中前景色与背景色。默认前景色是黑色、背景色是白色。单击工具箱中的"默认颜色"按钮恢复默认的前景色和背景色；单击工具箱中的"切换颜色"按钮可交换前景与背景色。

（2）在工具箱中单击前景色或背景色即可弹出如图 4-4 所示拾色器。调整色谱，使用取色器即可选取所需要的颜色。

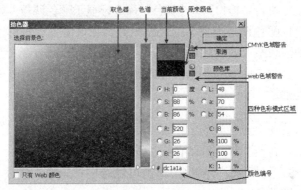

图 4-3　前景色
与背景色

图 4-4　Adobe 拾色器

2．色域警告

由于 RGB、HSB 和 Lab 颜色模型中的一些颜色（如 R 为 255 时的红色）在 CMYK 模型中没有等同的颜色，因此无法打印这些颜色。

当选择不可打印的颜色时，在"拾色器"对话框中"当前颜色"右侧将出现一个警告符号。与 CMYK 最接近的颜色显示在警告符号下面。

在拾色器中显示超出 CMYK 颜色的范围（溢色），可执行"视图"＞"色域警告"命令。溢色部分默认以灰色显示在拾色器或图像中，如图 4-5 所示。

提示：Photoshop 使用前景色来绘画、填充和描边选区，使用背景色来生成渐变填充和在图像已抹除的区域中填充。一些特殊效果滤镜也使用前景色和背景色。

技巧：按 D 键可恢复默认的前景色和背景色，按 X 键可交换前景与背景色。点击前景色可指定颜色，按住 Alt 键可选取背景色。

提示：在 Adobe 拾色器中选择颜色时，会同时显示 HSB、RGB、Lab、CMYK 和十六进制数的数值。这对于查看各种颜色模型描述颜色的方式非常有用。

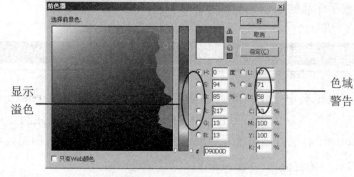

图 4-5　色域警告

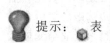
提示：　表示颜色不是 Web 安全颜色；⚠表示颜色是可打印色域之外的颜色（即不可打印的颜色）。

3．使用 Web 颜色

Web 安全颜色是浏览器使用的 216 种颜色，单击拾色器左下角的"只有 Web 颜色"选项，然后在拾色器中选取颜色。

4．颜色调板

执行"窗口"＞"颜色"命令，显示颜色调板。如图 4-6 所示。

颜色调板设置与拾色器相似。在色谱上单击可选取前景色，拖动滑块△可改变颜色数值。

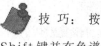
技巧：按 Shift 键并在色谱图中单击，可快速更改颜色调板色谱。

单击菜单按钮⊙，可选择色彩模式滑块类别或是更改色谱模式类别。

5．色板调板

执行"窗口"＞"色板"命令，显示"色板"调板，如图 4-7 所示。

在"色板"调板中单击可以选取前景色，按住 Ctrl 键单击可吸取背景色。

图 4-6　颜色调板　　　　图 4-7　色板调板

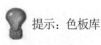
提示：色板库提供了一种用于访问不同的颜色组的简单方法。可以将自定义色板组存储为库以便重新使用。

也可以添加或删除颜色以创建自定色板库。

要将前景色添加到色板：单击"创建前景色新色板"按钮🔲，或者将光标放在"色板"调板底行的空白处，光标会变成油漆桶状🖌，单击就可以添加颜色至色板。

要删除色板上的某种颜色：只需将其拖至"删除色板"按钮🗑，或者按住 Alt 键将光标放置在色板上，变成剪刀状✂单击即可。

6．吸管工具

吸管工具🖊将采集色样指定为前景色或背景色。

在工具箱中选择吸管工具。在图像上单击即可吸取为前景色，按住 Alt 键单击可吸取为背景色。

使用吸管工具时，选项栏可设置"取样点"选取像素的精确值。"3×3 平均"或"5×5 平均"，在单击区域内读取指定数量的像素的平均值。

4.4　画笔和铅笔工具

画笔和铅笔工具使用前景色进行绘画。默认情况下，画笔工具创建柔和边缘的颜色，而铅笔工具创建硬边手画线。

4.4.1　画笔和铅笔工具

（1）在蓝色（#0796ff）背景文件上，新建"图层 1"，选择铅笔工具，在背景层中随意画线，注意线条不要太过松散，要比较集中，如图 4-8 所示。

图 4-8　绘画线条

（2）使用柔边画笔绘制白云团状，如图 4-9 所示。

图 4-9　模糊线条

（3）选择画笔工具，设置画笔的不透明度值，绘画云彩效果。要注意不同线条的模糊程度和在背景层中的位置，以体现云彩的无序性。

技巧：在使用绘画工具时按 Alt 键可切换为吸管工具。

技巧：画线的同时按下键盘 Shift 键，能准确画出水平线、垂直线和 45 度的斜线。

练习目的：掌握画笔工具的使用方法。

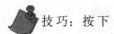

技巧：按下
Alt 键，可转换为
吸管工具吸取图像
中颜色为前景色。
按下 Ctrl 键，可转
换移动工具。

作品内容：水天
一色。

（4）下半部分区域填充深蓝色（#0331ff），用铅笔工具勾画一些白色波浪线，形成海浪效果，效果如图 4-10 所示。

图 4-10　海面效果

1. 画笔预设库

在绘画工具选项栏单击"画笔"选项右侧 ▼ 按钮打开画笔预设库，有 3 种类型预设画笔，如图 4-11 所示。

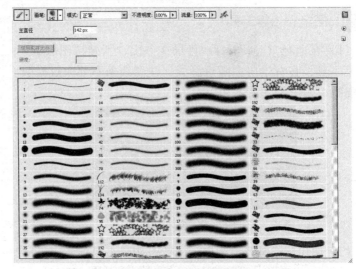

图 4-11　画笔预设库

注意：对
于硬边画笔或柔边
画笔，用户可调整
画笔的硬度、直径
大小、间距和形状
等；对于不规则形
状的画笔，用户可
调整画笔的间距。

● 硬边画笔：这类画笔绘制的线条不具有柔和的边缘，类似前面铅笔工具绘画效果。

● 柔边画笔：是具有柔和虚化边缘的画笔，可以产生柔和边缘的线条。观察前面画笔工具绘画效果，如图 4-12 所示。

● 形状画笔：各种类型模拟绘画效果画笔，还有类似草地、树叶和星等实物效果。

图 4-12　各种画笔效果与形状

单击右箭头按钮，可指定预设画笔显示方式、载入各种类型画笔库，如图 4-13 所示。

图 4-13　预设画笔库

提示： 可载入、存储和管理画笔预设。

可对预设画笔库进行管理组织。

可更改调板中显示的预设画笔。

可将一组预设画笔存储为库。

可重命名预设画笔。

可删除预设画笔。

2. 画笔混合模式

绘画工具选项栏"模式"菜单指定混合模式，控制图像中原有颜色如何受新颜色影响，产生另一种色彩的方式，也就是叠加效果，可改变原图的光亮度、色调、饱和度等。绘画或修饰工具只作用于绘画区域，其他区域不受影响。

色彩混合模式在很多编辑操作中用到，例如：填充和描边编辑命令、各种绘画工具、图层与图层之间、通道与通道混合。

观察混合模式效果时，其中基色是图像中的原色，混合色是通过绘画或编辑工具应用的颜色，结果色是混合后得到的颜色。

● 正常：默认当前叠加结果色。

提示：选项栏中指定的混合模式控制图像中的像素如何受绘画或编辑工具的影响。

提示：

基色是图像中的原稿颜色。
混合色是通过绘画或编辑工具应用的颜色。
结果色是混合后得到的颜色。

提示：仅"正常""溶解""变暗""正片叠底""变亮""线性减淡（添加）""差值""色相""饱和度""颜色""亮度""浅色"和"深色"混合模式适用于 32 位图像。

- 溶解：根据位置和不透明度用基色或混合色随机替换像素。
- 背后：类似于在透明纸透明区域的背面绘画。
- 清除：编辑或绘制使其透明。
- 变暗：选择基色或混合色中较暗的颜色作为结果色。替换比混合色亮的像素，而不改变比混合色暗的像素。
- 正片叠底：将基色与混合色相乘，结果色总是较暗的颜色。
- 变亮：选择基色或混合色中较亮的颜色作为结果色。比混合色暗的像素被替换，比混合色亮的像素保持不变。
- 滤色：将混合色的互补色与基色相乘，结果色总是较亮的颜色。
- 颜色减淡：使基色变亮以反映混合色，与黑色混合后不发生变化。
- 颜色加深：使基色变暗以反映混合色。与白色混合后不产生变化。
- 叠加：正片叠底或网屏颜色，具体取决于基色。图案或颜色在现有像素上叠加，同时保留基色的明暗对比。不替换基色，但基色与混合色相混以反映原色的亮度或暗度。
- 柔光：如果混合色（光源）比 50% 灰色亮，则图像变亮，就像被减淡一样。如果混合色（光源）比 50% 灰色暗，则图像变暗，就像被加深一样。用纯黑色或纯白色绘画，会产生明显较暗或较亮的区域，但不会产生纯黑色或纯白色。
- 强光：如果混合色（光源）比 50% 灰色亮，则图像变亮，就像经过网屏处理一样。这对于向图像中添加高光非常有用。如果混合色（光源）比 50% 灰色暗，则图像变暗，就像经过正片叠底处理一样。这对于向图像添加暗调非常有用。用纯黑色或纯白色绘画会产生纯黑色或纯白色。
- 差值：从基色中减去混合色，或从混合色中减去基色，具体取决于哪一个颜色的亮度值更大。与白色混合将使基色反相，与黑色混合则不产生变化。
- 排除：创建一种与"差值"模式相似但对比度更低的效果。与白色混合将使基色反相，与黑色混合则不发生变化。
- 色相：用基色的亮度和饱和度以及混合色的色相创建结果色。
- 饱和度：用基色的光度和色相以及混合色的饱和度创建结果色。在无（0）饱和度（灰色）的区域上用此模式绘画不会引起变化。
- 颜色：用基色的光度以及混合色的色相和饱和度创建结果

色。这可以保护图像中的灰阶，并且对于给单色图像上色和给彩色图像着色都非常有用。

● 明度：用基色的色相和饱和度以及混合色的光度创建结果色。此模式创建与"颜色"模式相反的效果。

3．不透明度

在选项栏"不透明度"选项，拖动滑块可设置绘画颜色的不透明度，取值范围为 1% ~ 100%，如图 4-14 所示。

 100%

 50%

 10%

图 4-14　不透明度绘画效果

4．流量

使用画笔工具时可指定流动速率，取值范围为 1 ~ 100%。

5．喷枪

喷枪选项可以模拟传统的喷枪手法。喷枪可以将鼠标或绘图笔压力应用在画笔上，单击或拖动会增加墨的浓度，按键盘上的数字键可更改流量值。

6．自动抹掉

使用铅笔工具时，此选项用于在前景色区域绘制成背景色，如果在不包含前景色的区域上将被绘制成前景色。

例如：设置前景色为黄色，背景色为黑色，在如图 4-15 所示"虎"末笔画处连续单击，产生黄色与黑色笔刷部分重叠效果，继续缩小笔刷进行涂画，绘制出"虎"尾效果，如图 4-15 所示。

图 4-15　自动抹掉绘画效果

 技巧：按键盘上的数字键可更改其不透明度值。具体设置：1 相当于 10%，2 相当于 20%……9 相当于 90%，0 相当于 100%。如要设置 54%，只需连续地按键盘上的数字键 5 和 4 即可。

 技巧：使用 Shift 键和数字键设置"流量"。

 注意：画笔选项与画笔工具两个词语的区别，前者是指画笔库内各种预置画笔形状，后者是工具箱中的绘画工具。

4.4.2　自定义画笔

　　在预设画笔库中可以载入画笔库、创建新画笔或删除画笔。可以图像的一部分创建自定画笔，可以创建临时画笔，也可以将其保存，以后重复使用。

　　（1）选择定义画笔的对象，执行"编辑">"定义画笔预设"命令，打开"画笔名称"对话框，如图 4-16 所示，为自定义的画笔命名。

图 4-16　自定义画笔

　　（2）此时在画笔调板中可以看到新定义的画笔，可调整画笔直径大小和间距，如图 4-17 所示。

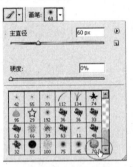

图 4-17　在画笔调板中调整画笔形状

　　（3）为了使新建的画笔重复使用，单击画笔调板的三角按钮，从下拉菜单中选择"保存画笔"命令，画笔将存储在"...Photohsop/Presets/Brushes/"目录下，后缀为 .adr。如果下次再利用此画笔时，从下拉菜单中选择"载入画笔"命令，选择上次保存的画笔即可。

4.4.3　画笔调板

　　画笔形状不符合用户要求时，需要对画笔进一步设置调整。Photoshop 提供了将许多动态（变化）的功能添加到画笔中，配合这些选项可以创建出富有神奇效果的艺术笔触。

　　1.　画笔笔尖形状

　　（1）选择画笔工具，单击选项栏右端"切换画笔调板"按钮或画笔调板选项卡，出现画笔调板，如图 4-18 所示。载入"方形画笔"，选择所要编辑的画笔示例。

　　注意：定义画笔时，用户只能定义画笔形状，而不能定义画笔的颜色。定义画笔时转换为灰度状态。即使彩色图案建立的画笔，绘制出来的画笔也不具有原有色彩效果，这是因为画笔绘画时使用的是前景色。

　　提示：要定义柔边画笔，创建包含灰度过渡值的形状即可。

　　提示：选取"窗口">"画笔"，或者在绘画工具、橡皮擦工具、色调工具或聚焦工具时，单击选项栏右侧的调板按钮。

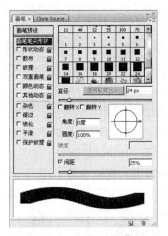

图 4-18 画笔形状选项

（2）调整画笔笔尖的形状，如"直径""角度""圆度"和"间距"选项，如图 4-19 所示。将"形状动态"选项的"角度抖动"值设为 23%，其他为默认。选择"颜色动态"选项，绘画写意鞭炮效果如图 4-20 所示。

 提示：可以如同在"画笔预设"中一样选择预设画笔、修改画笔并自定画笔。画笔形状选项中还包含画笔笔尖的各种选项。

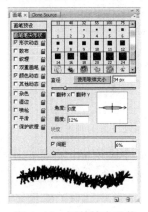

图 4-19 调整笔尖形状　　　图 4-20 写意鞭炮的效果

 提示：要永久保存新画笔，则须选择调板菜单"存储画笔"将画笔存储成新组或覆盖现有组。否则复位或替换画笔时，新画笔会丢失。

画笔笔尖形状选项：

● 直径：直径控制画笔大小，输入一个以像素为单位的值或拖移滑块，效果比较如图 4-21 所示。

● 角度：指定椭圆画笔的长轴偏离水平方向的角度。键入一个度数，或在左边预览框中拖移水平轴，效果比较如图 4-22 所示。

图 4-21 具有不同直径值的画笔描边

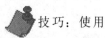技巧：使用预设画笔的同时，可以按 [键减小 10 个像素、按] 键增大 10 个像素。按 Shift+[键减小画笔硬度，按 Shift+] 键增大画笔硬度。

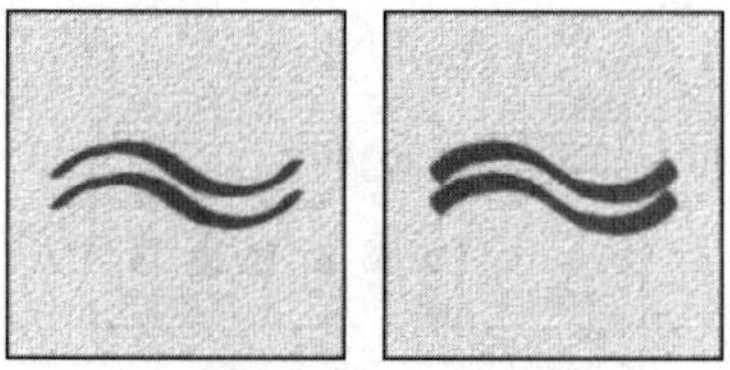

图 4-22　带角度的画笔创建雕刻状描边

● 圆度：圆度指定画笔短轴和长轴的比率。输入一个百分比值，或在左侧预览框中拖移。100% 表示圆形画笔，0% 表示线形画笔，介于这二者之间的值则表示椭圆画笔，效果比较如图 4-23 所示。

图 4-23　调整圆度将影响画笔笔尖的形状

● 硬度：硬度控制画笔硬度中心的大小，键入一个数字，或者使用滑块输入画笔直径的百分比值，效果比较如图 4-24 所示。

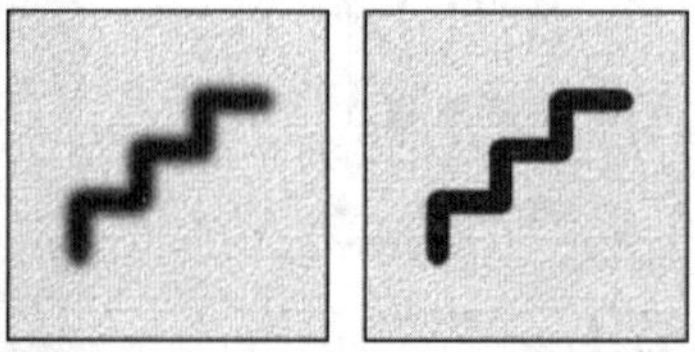

图 4-24　具有不同硬度值的画笔描边

● 间距：间距控制描边中两个画笔标记之间的距离，若要更改间距，键入一个数字，或使用滑块输入画笔直径的百分比值。若要绘制描边但不定义间距，取消选择该选项，效果比较如图 4-25 所示。

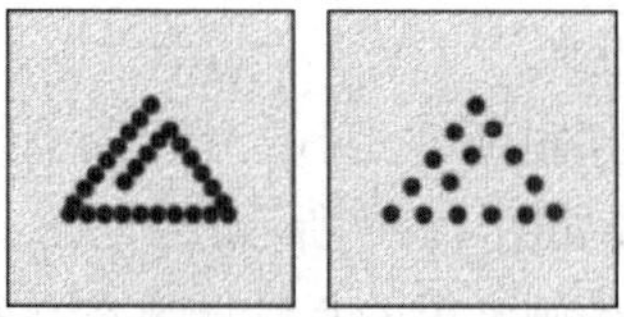

图 4-25　增大间距可使画笔急速改变

2．形状动态

形状动态可以控制画笔笔形的变化，如图 4-26 所示。

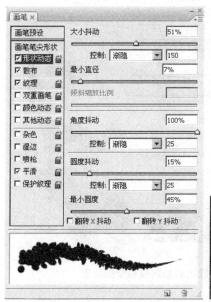

无形状动态画笔

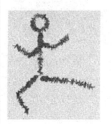

形状动态画笔

图 4-26　形状动态调板和绘画效果

形状动态选项：

● 大小抖动：控制对象的随机性，数值越大，随机性越大。

● 控制：指定如何控制动态对象的变化。其中，"渐隐"可指定数量的步长在初始直径和最小直径之间渐隐画笔笔迹的大小。每个步长等于画笔笔尖的一个笔迹。该值的范围可以从 1 到 9999。"钢笔压力""钢笔斜度"或"光笔轮"基于钢笔压力、钢笔斜度或钢笔轮位置，在 0 和 360 度之间改变画笔笔迹的角度；"初始方向"使画笔笔迹的角度基于画笔描边的初始方向；"方向"使画笔笔迹的角度基于画笔描边的方向。

● 最小直径：用于设置笔触的最小直径变化。

● 倾斜缩放比例：当"大小抖动"选项设置为"钢笔斜度"时，"倾斜收缩比例"可控制倾斜收缩程度。

● 角度抖动：用于设置画笔角度随机变化程度；同样"控制"选项控制画笔的变化效果，使用方法与"尺寸变化"相同；"原方向"使用原始角度方向；"方向"使用角度变化效果。

● 圆度抖动：用于设置笔触圆度随机变化程度。其中"最小圆度"控制笔触的最小圆度变化。

3．散布动态

散布动态可以控制笔迹的数目和位置，如图 4-27 所示。

无散布画笔

散布画笔

图 4-27 散布动态调板和绘画效果

散布动态选项：

● 散布：控制画笔扩散的程度，数值越大扩散程度就越大。

● 两轴：指定画笔是沿笔迹径向分布还是垂直分布。

4．纹理动态

纹理动态可以控制笔迹应用图案的纹理，如图 4-28 所示。

无纹理画笔

纹理画笔

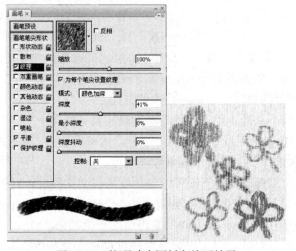

图 4-28 纹理动态调板和绘画效果

纹理动态选项：

● 反相：基于图案中的色调反转纹理中的亮点和暗点。

● 缩放：指定图案的缩放比例。

● 为每个笔尖设置纹理：指定在绘画时是否分别渲染每个笔尖。

- 模式：指定用于组合画笔和图案的混合模式。
- 深度：指定色彩渗入纹理中的深度。

5．双重画笔

双重画笔可以控制画笔重叠效果，如图 4-29 所示。

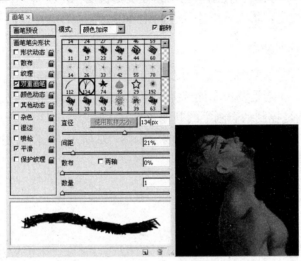

单笔尖画笔

双重笔尖画笔

图 4-29　双重画笔动态调板和绘画效果

双重画笔选项：

- 直径：用于设置画笔的直径大小。
- 间距：用于设置画笔的重叠变化间距。
- 散布：用于设置间距的扩散值，也可设定"两轴"扩散方向。

6．颜色动态

颜色动态可以控制画笔色彩变换方式，如图 4-30 所示。

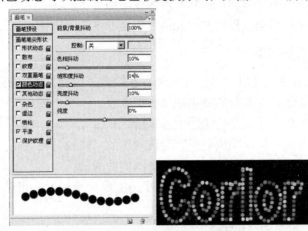

图 4-30　颜色动态调板及绘画效果

颜色动态选项：

- 前景／背景抖动：控制前景色和背景色间色彩随机分布。
- 色相抖动：控制在前景色和背景色间色彩变化程度。
- 饱和度抖动：控制颜色饱和度随机变化。
- 亮度抖动：控制颜色明暗程度随机变化。
- 纯度：增大或减小颜色的饱和度。

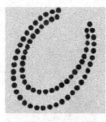

无颜色动态画笔

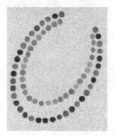

颜色动态画笔

7．其他动态

可以控制色彩的不透明度和套用颜色程度的变换方式。

（1）在画笔调板左侧选择"其他动态"，选项如图 4-31 所示，主要功能是控制动态画笔的其他效果。

（2）用画笔工具绘画，效果如图 4-32 所示。左图为正常画笔，右图为透明及浓度变化画笔。

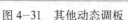

图 4-31　其他动态调板　　图 4-32　透明及浓度动态效果

基他动态选项：

- 不透明度抖动：控制不透明度的随机化。
- 流量抖动：控制套用此颜色快速程度的随机化。

8．其他选项

还有杂色、湿边、喷枪、平滑和保护纹理等改变方式，没有选项。

- 杂色：在柔和的画笔边缘添加杂点。
- 湿边：在画笔边缘增大油墨量。
- 喷枪：模拟喷枪效果，与选项栏的"喷枪"相对应。
- 平滑：在使用光笔时产生平滑的曲线。
- 保护纹理：在使用多个纹理画笔笔尖绘画时，可以模拟出一致的画布纹理。

效果如图 4-33 所示。

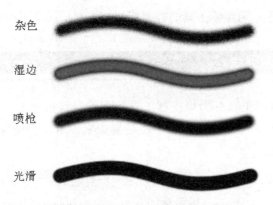

杂色

湿边

喷枪

光滑

图 4-33　画笔调板其它选项

提示：如果使用绘图板，则可设置画笔的钢笔压力、角度、旋转或使用光笔轮来控制应用颜色的方式。绘图板还有流量、散布程度、纹理深度以及描边圆度等控制选项。

4.4.4　颜色替换工具

颜色替换工具能够简化图像中特定颜色的替换，颜色替换工具的原理是用前景色替换图像中指定的像素，因此使用时需选择好前景色。

（1）选择替换颜色工具，选项栏如图 4-34 所示。

图 4-34　颜色替换工具选项栏

（2）选择前景色，在图像中需要更改颜色的地方涂抹，如图 4-35 中人物的棕红色眼睛替换为为深蓝色 RGB（195；225；190），不同的绘图模式会产生不同的替换效果，常用的模式为"颜色"。

图 4-35　左为原图眼球为棕红，右为眼球替换颜色为深蓝色

颜色替换工具选项：

● 模式：可以使用色相、饱和度、颜色和亮度替换方式，一般设为"颜色"方式。

● 取样：连续方式将在涂抹过程中不断以鼠标所在位置的像素颜色作为基准色，决定被替换的范围。一次方式将始终以涂抹开始时的基准像素为准。背景色板方式将只替换与背景色相同的像素。以上 3 种方式都要参考容差的数值。

● 限制："不连续"方式将替换鼠标所到之处的颜色。"邻近"方式替换鼠标邻近区域的颜色。"查找边缘"方式将重点替换位于色彩区域之间的边缘部分。

● 容差：与魔棒工具的容差相似，控制扩展范围程度。

4.5 图像擦涂

图像擦涂工具分为橡皮擦工具 、背景橡皮擦工具 和魔术橡皮擦工具 用于抹除图像中不必要像素，可以将图像擦涂成透明或背景色。

4.5.1 橡皮擦工具

在图像中拖移时，橡皮擦工具更改图像像素。如果正在背景中或锁定透明的图层中工作，像素将更改为背景色，否则像素将涂抹成透明状态。橡皮擦工具可以选择以画笔笔刷或铅笔笔刷方式进行擦除，两者的区别在于画笔笔刷的边缘柔和带有羽化效果，铅笔笔刷则没有。

（1）在工具箱选择橡皮擦工具 ，选项栏如图 4-36 所示。

图 4-36　橡皮擦工具选项栏

（2）在需要抹除的图像区域中拖移即可，如图 4-37 所示。

图 4-37　左图为原图，中图为擦涂为白色背景，右图擦除为透明层

橡皮擦工具选项：

● 画笔：影响橡皮擦擦除的范围。

● 模式：画笔、铅笔和块，只决定擦除的形状，与颜色无关。

● 抹到历史记录：使用图像状态或快照绘画，其作用相当于历史记录画笔工具，能够有选择地恢复图像某一状态。

4.5.2 背景橡皮擦工具

背景橡皮擦工具 的使用效果与普通的橡皮擦相同，都是抹除像素，可直接在背景层上使用，使用后背景层将自动转换为普通图层。其选项与颜色替换工具有些类似，可以说它也是颜色替换工

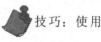 注意：如果在背景层上使用橡皮擦，由于背景层的特殊性质（不允许透明），擦除后的区域将被背景色所填充。因此如果要擦除背景层上的内容并使其透明的话，要先将其转为普通图层。

技巧：使用橡皮擦工具拖移时，按下 Alt 键时可暂时转换为"抹到历史记录"模式。

具，只不过真正的颜色替换工具是改变像素的颜色，而背景色橡皮擦工具将像素替换为透明而已。

背景橡皮擦工具 通过指定不同的"取样"和"容差"选项，控制透明度范围和边界锐化程度。通过采集画笔中心或边缘的色样删除涂抹范围任何位置出现的该颜色。

（1）选择背景色橡皮擦工具 ，选项栏设置如图 4-38 所示。

图 4-38　背景橡皮擦工具选项栏

（2）如图 4-39 所示，容差设为 80%、50% 涂抹，在涂抹过程中不会抹除物体部分的像素，因为取样中的颜色是青色和蓝色，而物体的颜色是橙色、黄色和黑色，在 80% 和 50% 颜色容差范围之外。

（3）这样就可以在物体周围得到透明的区域，重复操作可去除残余部分。

图 4-39　左图为容差设为 80% 涂抹，中图为容差设为 50% 涂抹，右图为涂抹效果

背景橡皮擦工具选项：

● 连续：在拖移时连续采集色样，可抹除颜色不同的相邻区域。

● 一次：只抹除包含第一次单击的颜色区域，可抹除实色区域。此外，若想抹除在图像的多个不连续区域内出现的单个颜色时，也可使用该选项。

● 背景色板：只抹除包含当前背景色的区域。

● 限制"不连续"模式，抹除出现在画笔下的色样；"连续"模式，抹除包含色样且相互连接的区域；"查找边缘"模式，抹除连接的、包含色样的区域，同时很好地保留形状边缘的锐化程度。

● 容差：低容差限制抹除与色样非常相似的区域，高容差抹除范围更广的颜色。

● 保护前景色：防止抹除与工具箱中的前景色匹配的区域。

注意：背景橡皮擦覆盖图层的锁定透明设置。

提示：如果要抹除复杂边缘或细小对象的背景，可考虑使用"滤镜">"抽出"命令。

4.5.3　魔术橡皮擦工具

提示：在当前图层上，使用魔术橡皮擦工具可以选择是只抹除的邻近像素，还是要抹除所有相似的像素。

用魔术橡皮擦工具  在图层中单击将自动更改所有相似的像素。如果正在背景层或锁定透明的图层中工作，则像素更改为背景色，否则像素抹为透明。

魔术橡皮擦工具在作用上与背景色橡皮擦类似，都是将像素抹除得到透明区域。只是两者的操作方法不同，背景色橡皮擦工具采用了类似画笔的绘制（涂抹）型操作方式。而魔术橡皮擦则是区域型（即一次单击就可针对一片区域）的操作方式，与魔棒选择工具相似，根据点击处的像素颜色及容差产生一块选区。只不过它将对这些像素予以抹除，留下透明区域。换言之，魔术橡皮擦工具的作用可以理解为是三合一：用魔棒创建选区、删除选区内像素、取消选区。

（1）选择魔术橡皮擦工具 ，选项栏如图 4-40 所示。

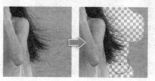

图 4-40　魔术橡皮擦工具选项栏

提示：不透明度定义抹除强度，100% 将完全抹除像素，较低值将部分抹除像素。

（2）单击要抹除的部分，背景颜色被擦除为透明，并将背景层转变为普通层，如图 4-41 所示。

图 4-41　原图和擦除背景效果

魔术橡皮擦工具选项：

● 容差：定义可抹除的颜色范围，低容差抹除相似的像素；高容差值抹除范围更广的像素。

● 连续：抹除连续的像素，反之将抹除图像中的所有相似像素。由此决定抹除当前图层上连续像素或所有相似像素的两种方式。

4.6　渐变工具

提示：渐变工具不能用于位图或索引颜色图像。

渐变工具可以填充创建或预设的多种颜色间逐渐混合效果。

1．渐变工具

（1）用矩形选框工具建立矩形选区，选择渐变工具 ，单击选项栏上箭头 ▬▬，选择铜光泽渐变（Copper），渐变方式为线性 ，如图 4-42 所示。在矩形选区内按 Shift 键从左端至右端水平拖拉填充渐变。

图 4-42　填充渐变

练习目的：通过实例了解渐变的基本使用方法。

（2）执行"编辑"＞"变换"＞"斜切"命令，将图像变形为如图 4-43 所示形状。执行"图像"＞"调整"＞"去色"命令，图像变为灰色，形成铅笔芯效果，如图 4-44 所示。

图 4-43　变形图像　　　　图 4-44　图像去色

 提示：拖动渐变填充区域的起点（按下鼠标处）和终点（松开鼠标处）会影响渐变外观，具体取决于所使用的渐变工具。

（3）按 Ctrl+D 快捷键取消选区。仍然用步骤（1）的方法，用矩形选框工具建立选区，在选区填充铜光泽渐变，如图 4-45 所示。透视变换，形成铅笔木质效果，如图 4-46 所示。

图 4-45　再次渐变填充　　图 4-46　透视变换成木质部分

 技巧：按下 Alt 键，可转换为吸管工具来吸取图像中颜色为前景色。

按下 Ctrl 键，可转换为移动工具。

（4）同样方法创建矩形选区，选择"黄紫橙蓝"渐变，按 Shift 键，在选区内从左到右填充渐变。形成笔杆效果如图 4-47 所示。

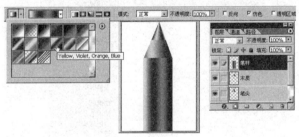

图 4-47　绘制铅笔效果

作品内容：铅笔。

渐变选项：
- 线性渐变 ▩：从起点到终点线性渐变。
- 径向（放射）渐变 ▩：以直线起点为圆心、直线长度为半径、由起点向终点变化的圆形放射状渐变色。从起点到终点以圆形图案逐渐改变。

《试题汇编》3.12 题使用此范例。

技巧：定位渐变起点，在拖动时按住 Shift 键，线条角度限定为 45 度的倍数。

● 角度渐变 ：以直线起点为圆心、直线长度为半径，以顺时针方向画圆的角度渐变混合色。围绕起点以逆时针环绕逐渐改变。

● 对称(反射)渐变 ：以直线起点为中心、直线长度为宽度、沿直线和反直线方向渐变，在起点两侧对称线性渐变。

● 菱形渐变 ：以直线起点为中心、直线长度为半径、从起点向外以菱形图案逐渐改变。终点定义菱形的一角。

● 反向：反转渐变填充中颜色的顺序。

● 仿色：用较小的带宽创建较平滑的混合。

● 透明区域：对渐变填充使用透明蒙版。

各种渐变方式效果如图 4-48 所示。

渐变的工具类型。

线性渐变　　径向渐变　　角度渐变　　对称渐变　　菱形渐变

● 渐变拾色器：在选项栏单击 按钮弹出渐变"拾色器"，如图 4-49 所示。其中有许多预设渐变效果供选择，填充图案色。例如：前景色到背景色 、前景色到透明 。单击 按钮，在菜单中包括"渐变拾色器"显示方式、管理等命令，还有许多渐变样式预设库可以载入使用，例如：协调色、杂色样本、特殊效果、色谱等。

提示：从调板菜单中可将一组预设渐变存储为库、载入渐变库、"替换渐变"或"默认预设渐变"。

也可设置渐变以文本、列表或缩览图显示方式。

图 4-49　渐变拾色器

使用渐变拾色器中的"彩虹"渐变应用于一幅图像中，如图 4-50 所示。

图 4-50　左图为原图，右图为应用彩虹渐变的效果

2．实底平滑渐变

渐变拾色器和菜单中渐变预设库种类如不能满足需要，可考虑自己编辑混和过渡色。

在"渐变编辑器"对话框中可修改或加色重新定义为新渐变。

在渐变工具 选项栏，单击渐变示例图，出现"渐变编辑器"对话框，如图 4-51 所示。

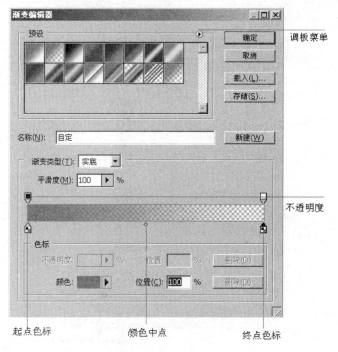

图 4-51　渐变编辑器

● 若要定义渐变的起始或终点颜色，单击"渐变样条"下方左侧的色标，色标顶部转变为实心色标，表示正在编辑起始或终点颜色。

● 若要指定颜色，执行下列任一操作：

双击色标或单击"颜色"后的色块出现"拾色器"对话框，

《试题汇编》3.13 题使用此范例。

提示："渐变编辑器"对话框可修改、定义渐变或添加中间色，在两种以上的颜色间创建混合。

111

了解认识渐变编辑器的使用方法。

选取色彩。

单击"颜色"选项色块右侧▶弹出菜单中选取"前景""背景"和"用户"。

将光标定位在渐变条上变成吸管状✐单击采集色样或者从图像中采集色样。

● 若要调整起点或终点的位置，执行下列任一操作：

将相应的色标拖移到所需位置即可。

单击选择相应色标，在"位置"选项输入数值。0%在渐变条的最左端，100%将色标放在渐变条的最右端。

在渐变样条下方任意位置可以添加多个色标，如图4-52所示。

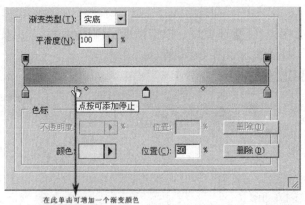

在此单击可增加一个渐变颜色

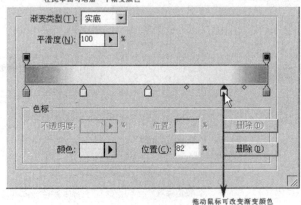

拖动鼠标可改变渐变颜色

图4-52 添加色标

 提示：平滑渐变就是颜色间的均匀平滑过渡。

● 若要调整"颜色中点"（起点颜色和终点颜色混合处），拖移"渐变样条"下方"颜色中点"◇即可。

● 若要删除正在编辑的色标，单击"删除"选项按钮即可。也可将色标向下拖移出渐变条删除中间色。但色条上下至少要保留两个颜色按钮。

● 若要设置整个渐变的平滑度，在"平滑度"选项输入数值
或拖移滑块。

● 若要将新渐变存储到预设库中，输入新渐变的"名称"，
单击"新建"选项，当前编辑渐变色即被添加到预设表中。

（1）从预设库中选择"橙黄橙"渐变色，基于与近似渐变创建，
能够快速完成，如图4—53所示的渐变，编辑预设的渐变条"橙－
黄－亮黄－黄－橙"效果如图4—54所示。

提示：新预
设存储在首选项文
件中，如果此文件
被删除或软件复位
将丢失。要永久存
储新预设，可将它
们存储在库中。

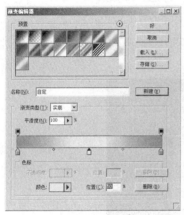 

图4—53 选择渐变　　　图4—54 编辑渐变条

练习目的：通过编
辑"橙－黄－橙"
平滑渐变，并变换
成火焰实例掌握平
滑渐变的使用方
法。

（2）建立圆形选区，对选区适当羽化。使用新编辑的渐变，
从中心点拉一直线对选区填充径向渐变，如图4—55所示。

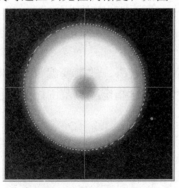

图4 55 填充渐变

（3）执行自由变换命令，将圆形挤压成一个长条，用"橡皮擦"
擦除多余的下半部分，产生火苗效果如图4—56所示。

《试题汇编》3.9
题使用此范例。

图 4-56　火苗的效果

（4）用画笔工具绘制烛心，涂绘蓝色的底部火苗，与蜡烛主体合成，如图 4-57 所示。

图 4-57　蜡烛燃烧效果

3．杂色渐变

除创建实底平滑渐变之外，"渐变编辑器"对话框还可定义新杂色渐变。杂色渐变是包含指定颜色范围内的随机颜色分布渐变，如图 4-58 所示。

图 4-58　杂色渐变效果
A．10% 杂色　B.50% 杂色　C.90% 杂色

选择渐变工具，选取渐变色，在选项栏中单击渐变示例图，打开"渐变编辑器"对话框。将"渐变类型"选项设置为"杂色"，"渐变编辑器"对话框如图 4-59 所示。

素材来源：《试题汇编》Unit3\candle.jpg 素材。

作品内容：蜡烛。

提示：杂色渐变就是颜色间的快速跳跃随机变换、非平滑的过渡。

杂色随粗造度数值增大，变化越强烈。

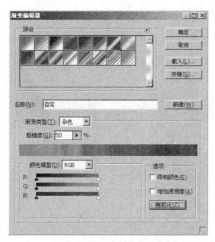

图 4-59　杂色渐变

● 若要设置整个渐变杂色程度，可在"粗糙度"选项输入数值或拖移滑块。

● 若要定义颜色模式，可从"颜色模型"选项列表中选取颜色模型。

● 若要调整颜色范围，在模型每个颜色组件拖移滑块即可。例如：如果选取 HSB 模型，可以将渐变限定为蓝绿色调、高饱和度和中等亮度。

● 设置"限制颜色"或"增加透明色"选项。

● 若要随机化设置的渐变，单击"随机化"选项按钮，直到所需要的效果。

（1）在渐变编辑器中，多单击几次"随机化"按钮，选出自己喜欢的色彩，如图 4-60 所示。

（2）创建一个较大些矩形选区，使用直线渐变绘制直线渐变效果，如图 4-61 所示。

　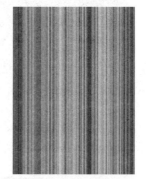

图 4-60　编辑随机渐变　　图 4-61　随机渐变效果

（3）复制几份渐变，进行变换、变形处理，如图 4-62 所示。

提示：杂色渐变编辑器与平滑渐变编辑器有所不同，增加了"限制颜色""增加透明度""随机化"等选项。

提示："条纹围巾"非常适合杂色渐变效果，通过此实例，对杂色渐变进行明确的认识。

（4）渐变组合形成彩条围巾效果，如图 4-63 所示。

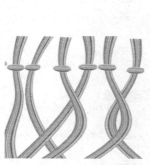

图 4-62　变换、变形渐变　　图 4-63　多个渐变组合形成彩条围巾

4.7　历史记录画笔工具

历史记录画笔包括历史记录画笔 ✎ 和历史记录艺术画笔 ✐ 两个工具。

1. 历史记录画笔

历史记录画笔工具 ✎ 使用历史记录或快照源数据以绘画方式恢复被修改（各命令或工具）的图案。

（1）对图像执行"图像" > "调整" > "去色" / "反相" / "色调均化"命令，或用其他绘画工具处理，效果如图 4-64 所示。

图 4-64　左图为原图，右图为去色调整效果

（2）打开"历史记录"调板，历史记录调板也记录了这 3 个步骤的操作历史。如图 4-65 所示。

图 4-65　历史记录调板

提示：历史记录画笔工具指定历史记录状态或快照中的源数据，以风格化描边进行绘画。也可以用不同的色彩和艺术风格模拟绘画的纹理。

（3）如果要图像某个部分恢复初始状态，选择历史记录画笔工具，在"历史记录"调板中单击"打开"左边的指示框，即设置恢复的"源"，如图 4-66 所示。在图像内涂抹，即可将涂抹区域恢复到原有状态，如图 4-67 所示。

图 4-66　设置恢复源

图 4-67　在图像中恢复涂抹区域

（4）另一例，汽车使用"动态模糊滤镜"处理后，部分区域被恢复的效果如图 4-68 所示。

图 4-68　依次为原图、动态模糊处理效果、使用历史记录画笔恢复部分区域效果

2．历史记录艺术画笔工具

历史艺术记录画笔工具也用历史记录或快照作为源数据，但历史艺术记录画笔工具可以指定风格模式、样式、大小和容差等绘画选项设置，产生不同的色彩和模拟绘画的艺术风格纹理。

（1）选择历史记录艺术画笔工具，选项栏如图 4-69 所示。

图 4-69　历史记录艺术画笔工具选项栏

（2）在"历史记录"调板中，单击记录状态或快照左边的列，将该列作为历史艺术记录画笔工具的源。"源"历史记录状态旁激活画笔图标出现。

（3）在图像上通过绘画艺术恢复原图像效果。

● 样式：控制绘画的形状。十几种不同笔触形状可以产生不同的艺术效果，以便用户充分发挥艺术天赋。

● 区域：绘画所覆盖的范围。此值越大，覆盖的区域越大。

● 容差：限定应用绘画恢复的区域。低容差值可以在任何地方绘描；高容差将绘画限定在与源状态或快照中的颜色明显不同的区域。也就是"保真程度"——控制绘画颜色偏离源状态或快照中的颜色的程度。保真度越低与源颜色的差别越大。

提示：历史记录艺术画笔在使用这些数据的同时，还有为创建不同的颜色和艺术风格设置的选项。

提示：为获得各种视觉效果，在用历史记录艺术画笔工具绘画之前，可以尝试应用滤镜或用纯色填充图像。

4.8　样题解答

（1）新建大小 200×200 像素文件，背景为蓝色。新建图层命名为水珠，建立圆形选区，直径为 50 像素，如图 4-70 所示。

（2）选择画笔工具，画笔设置为：颜色为白色，画笔大小为 13，不透明度为 100%。在选区的四周边缘描画如图 4-71 所示的线条。

图 4-70　圆形选区　　　　图 4-71　绘画白色边缘

（3）将画笔的不透明度调整为 50%，绘画中上区域，如图 4-72 所示。稍做修饰，效果如图 4-73 所示，保持选区。

图 4-72　涂抹中上部反光区域　　图 4-73　水珠效果

（4）复制水珠，多次使用粘贴命令，调整其大小，效果如图 4-74 所示。

（5）做波浪或液化滤镜变形处理。继续复制并变换调节大小和角度，效果如图 4-75 所示。

图 4-74　调节水珠大小　　　图 4-75　水珠变形

（6）打开素材文件夹下 Unit3\water.jpg 素材背景文件，如图 4-76 所示。

（7）复制水珠到素材背景图像，用自由变换工具调整到合适位置，效果如图 4-77 所示。

图 4-76　打开素材图　　　图 4-77　水珠效果图

第 5 章　图像修饰

对于有缺陷的图像或照片可能要进行修饰或修复工作。我们已经学习了Photo-shop选择与编辑类工具，工具箱中还包括一些绘画修饰类工具：

修复画笔工具 ✐✐✐，用图像或图案中的样本像素来绘画，将样本像素的纹理、光照和阴影与源像素进行匹配，从而使修复后的像素不留痕迹地融入图像的其余部分。

修补画笔 ✺，将样本像素的纹理、光照和阴影与源像素进行匹配，用其他区域或图案中的像素来修复选中的区域。在保留编修区域中的原始阴影、色调和纹理的前提下，可以移除图像中的污点、刮痕、红眼、瑕疵和皱纹。

仿制图章工具 ♨，从图像中取样，然后将该取样应用到其他图像或同一图像的其他部分，主要功能是复制、修补图像或增加排列相同物体。图案图章工具 ♨ 可以从图像中取图案样本、图案库中或者自定义图案进行绘画。

涂抹 ✍、模糊工具 ◌ 和锐化工具 ◭，可修饰图像聚焦的清晰与模糊状态。

减淡 ◔、加深 ✎ 和海绵工具 ◉，可修饰图像亮度和色调状态。

本章主要技能考核点：

● 污点／修复／修补／红眼工具；

● 仿制／图案图章工具；

● 模糊／锐化／涂抹工具；

● 减淡／加深／海绵工具；

● 消失点。

☑**评分细则：**

本章有 3 个基本点，每题考核 3 个基本点，每题 10 分。

序号	评分点	分值	得分条件	判分要求
1	编辑调整	3	按照要求编辑图像或调整	效果相似可得分
2	图像修饰	4	按照要求修饰绘制图像	不符合要求不得分
3	修饰效果	3	按照要求修饰效果	允许一定的创意发挥

本章导读：

如上所述，我们明确了本章所要求掌握的技能考核点以及对应《试题汇编》单元的评分点、得分条件和判分要求等。下面我们先在"样题示例"中展示《试题汇编》中一道关于修补破损树叶的真实试题，并在"样题分析"中对如何解答这道试题进行分析，然后通过一些案例来详细讲解本章中涉及到的技能考核点，最后通过"样题解答"来讲解"修补破损的树叶"这道试题的详细操作步骤。

5.1 样题示例

练习目的：通过《试题汇编》第四单元中选取的样题观察体会本章题目类型，了解本章对学习内容的要求。

操作要求

修补破损的树叶，如图 5-1 所示。

图 5-1　效果图

素材来源：《试题汇编》第四单元素材 leaf1.jpg。

打开素材文件夹下 Unit4\leaf1.jpg 素材，树叶形状如图 5-2 所示。

（1）修补图像：复制、修复、修补树叶破损和缺口之处。

（2）图像修饰：模糊、锐化、减淡和加深树叶的明暗区域。

（3）编辑调整：选择树叶，去除背景。

将最终结果以 X4-20.psd 为文件名保存在考生文件夹中。

作品内容：通过对破损树叶图像的修补和完整修复，再对图像进行色调调整形成完美的图像效果，最后将树叶独立选取出来，为将来作品的进一步制作奠定基础。

图 5-2　树叶素材

5.2 样题分析

解题和创作思路，所使用技能要点。

本题是关于修复图像的题目，是处理图像的必备技术。

通过观察可以看到图像是一张落叶的照片，照片内容中树叶主题突出，光线层次分明，基本符合需求，但树叶有残缺和破洞需要修复。

首先可考虑使用修复画笔工具 修复树叶表面的污点、杂乱及缺陷的纹理。

再使用仿制图章工具 或修补画笔 复制、修补树叶漏洞和残缺处。

　　最后可根据需要使用图像修饰工具擦涂树叶的明暗区域，进行修饰色调等处理。

　　由解题思路可以看出，这是对一幅有缺陷图像的基本修复、润饰和整理过程。

5.3　图章工具

　　图章工具分为仿制图章🔖和图案图章🔖两个工具，仿制图章和图案图章工具可以对部分图像取样，然后用取样绘画。

　　仿制图章工具🔖的作用是"复印机"，是将图像中一个地方的像素原样搬到另外一个地方，使两个地方的内容一致。既然是一个"复印机"，那就先要有原始原件。使用仿制图章工具的时候要先定义采样点，也就是指定原件的位置。从图像中取样，然后将该取样应用到其他图像或同一图像的其他部分。

　　图案图章工具🔖可以从图像中、图案库中取图案样本，或者自定义图案进行绘画。

5.3.1　仿制图章工具

　　（1）选择仿制图章工具，将鼠标定位在要取样的图像上，如图 5-3 所示。在飞机处按 Alt 键并单击鼠标，产生取样点⊕。

　　（2）松开键盘和鼠标，移至其他区域，单击或涂抹形成新的复制图像，如图 5-4 所示。

图 5-3　确定采样点　　　　　图 5-4　复制图像

注意：如果正在从一个图像中取样并应用到另一个图像，则这两个图像的颜色模式必须相同。

　　（3）在复制过程中，在新区域拖动涂抹时，原采样点也会产生一个"十"字光标并同时移动，移动的方向和距离与正在绘制的新区域是相同的。

　　仿制图章工具用周围邻近的像素填充修补图像中的破损之处。图 5-5 所示为将图中人物面部的瑕疵去除。

图 5-5　左图为原图，中图为标注修补区域，右图为去除瑕疵效果

仿制图章选项栏如图 5-6 所示。

图 5-6　仿制图章选项栏

- 画笔：选取画笔大小。
- 模式、不透明度和流量可指定其不同值。
- 对齐：取样应用整个区域，不论停止和继续绘画的次数多少，原图与复制图像始终一致，形成一种单一的对照关系。否则，每次停止和继续绘画时，都从初始取样点重新开始复制。
- 样本：从当前层采样复制；当前层和下面一层采样复制；在所有可见图层采样复制。
- 忽略调整图层：忽略调整图层取样。

5.3.2　图案图章工具

图案图章工具功能和使用方法类似于仿制图章工具，只是取样方式不同。在使用工具之前，先选择定义图案，然后用图案图章工具拖动复制图案，图 5-7 所示为复制图案后效果。

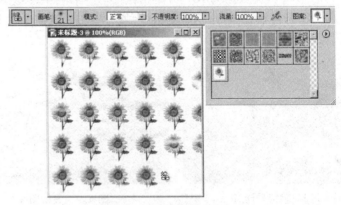

图 5-7　图案图章工具效果

5.4　修复类工具

图像修复类工具可以将一幅图案的全部或部分连续修饰（复制）到同一图层或另外一幅图像中，修饰部分与底色互为补色并具有融合效果，在不改变原图像的形状、光照、纹理和其他

注意： 在仿制图章工具中使用不同的笔刷，将影响绘制范围形状。使用较软的笔刷，复制区域与原图像可以比较好地融合。如果选择异型笔刷枫叶、草等，复制区域也将是相应的形状。

提示： 如果希望应用具有印象派效果的图案，可选择"印象派效果"。

属性的前提下，去除画面中最细小的划痕、污点、皱纹和灰尘。修复笔刷不仅能够对普通图像进行优化，也可适用于照片级的高清晰度图像。

图章工具对图案原样照搬复制，采样区域和复制区域的像素完全一致，在两幅色调相差较大的图像之间使用就会不协调。更改绘图方式的仿制图章工具很容易造成与图像颜色不符，结果较为生硬。

修复画笔工具是基于图章工具的派生工具，并弥补了图章工具的这些不足。修复画笔工具的复制效果过渡柔和并且与采样区域的颜色相差无几。

如图 5-8 所示为仿制图章工具与修复画笔工具的效果区别。

提示：修复画笔类工具可用于校正瑕疵，使其融合于周围的图像中。

图 5-8　左图为原图，中图为仿制图章复制效果，右图为修复画笔复制效果

5.4.1　修复画笔工具

（1）观察图 5-9 原图可以看到，图像脸部皮肤有些区域不够光滑，有斑点和暇疵，肤色也不够鲜亮。现在用修复画笔工具给人物脸部进行美容。

练习目的：学习使用修复画笔工具。

素材来源：打开《试题汇编》第四单元素材 skin.jpg 人物脸部图像。

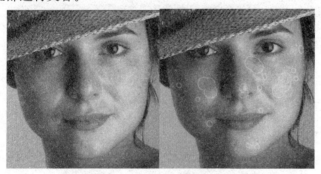

图 5-9　原图和暇疵区域图

（2）选择修复画笔工具 或污点修复工具 ，在选项栏中选择"取样"，设置画笔大小，如图 5-10 所示。

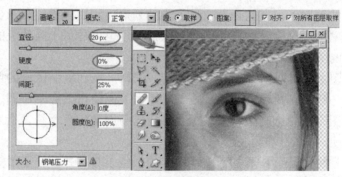

图 5-10　设置修复画笔工具

提示：从一幅图像中取样并应用到另一图像，则这两个图像的颜色模式必须相同，除非其中一幅图像处于灰度模式。

（3）在皮肤光滑柔软的区域，按 Alt 键指针变成⊕，单击完成取样，移到有污杂点的区域，再次单击就可以覆盖有暇疵的部位。"复制品"与"源点"有机地融合在一起，如图 5-11 所示。依次对脸部标注暇疵的部位进行修复。

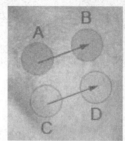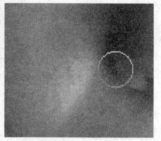

图 5-11　修复暇疵部位

（4）在脸颊部位选择一块皮肤，定义为图案，使用"图案"选项指定新定义的图案，在脸颊处涂绘，如图 5-12 所示。

图 5-12　用定义的图案修复脸部

注意：如果要修复的区域边缘有强烈的对比度，要先建立一个比要修复区域大的选区，绘画时防止颜色从外部渗入。

（5）复制图层，按 Shift+Ctrl+U 键去色处理，将图层混合模式设为"滤色"，使皮肤变得光滑、鲜亮，效果如图 5-13 所示。

图 5-13　修复美容效果

修复画笔工具选项栏如图 5-14 所示。

图 5-14　修复画笔工具选项栏

● 画笔：选择画笔预置板中不同类型的画笔。
● 模式：用于设置色彩混合模式。
● 来源：用于设置修补画笔工具复制图像的来源，当选择"取样"单选按钮时，表示单击图像中某一点位置取样；选择"图案"单选按钮时，取样 Photoshop 提供的预置图案。
● 对齐：不论停止和继续绘画的次数多少，原图与复制图像始终保持位置对应一致，取样应用整个区域，形成单一的对照关系。否则，在每次停止和继续绘画时，都从初始取样点重新开始复制。可以在任意位置进行多次复制，不再受第一次复制点所限制。
● 样本：从当前层采样复制；在当前层和下面一层采样复制；在所有可见图层采样复制。
● 忽略调整图层：忽略调整图层取样。

5.4.2　修补工具

修补工具可以从一个选区修补另一个选择区域，或者复制一幅图像的某一个区域。修补工具的作用原理和效果与修复画笔工具是完全一样的，只是它们的使用方法有所区别。修补工具的操作是基于区域的，因此要先定义好一个区域（与选区类似）。

使用选区修补图像时，选择一个小区域能产生较好的效果。

（1）如图 5-15 所示，修复桌面的裂口。用多边形套索工具建立裂口选区。

作品内容：修饰一幅带有暇疵的脸部皮肤。

《试题汇编》4.19 题使用此范例。

提示："仿制源"调板最多可以为仿制图章工具或修复画笔工具设置 5 个不同的样本源，并且可以叠加、缩放或旋转样本源。

练习目的：学习使用修补工具。

素材来源：打开《试题汇编》第四单元素材 snack.jpg。

注意：修补工具或其他选择工具先创建选区，如进行羽化修补可以得到较平滑的修补区域边缘。

图 5-15　素材图和建立选区图

（2）选择修复工具 ，在选项栏中选择"源"，拖移选区到需要取样的区域，如图 5-16 所示。当释放鼠标时，原来被选择区域与取样像素被修补。而且边缘也是与背景融合的。

提示：修复图像中的像素时，选择较小区域可获得最佳效果。

也可以在选择修补工具之前建立选区。

图 5-16　拖移选区取样

（3）在选项栏中，选择"目标"，将选区拖移"油污"区域，如图 5-17 所示。新选择区域与样本像素被修正，最终效果如图5-18 所示。

技巧：在修补工具的右键下拉菜单中可以选择"图案修补选区""源""目标"和"色彩范围"。

作品内容：修补木质桌面。

《试题汇编》4.8题使用此范例。

图 5-17　修补油污区域　　　　图 5-18　修补效果

5.4.3　污点修复工具

污点修复画笔相当于橡皮图章和普通修复画笔的综合作用。它不需要定义采样点，在想要消除的地方涂抹就可以了，既然称之为污点修复，意思就是适合于消除画面中的细小部分。因此不适合在较大面积中使用。如果想把人物从画面中抹去，最好还是使用橡皮图章工具来完成。

使用污点修复工具，在想移除的瑕疵上点击或拖拽，污点即消除。润饰区域无缝地混合到周围环境中，如图 5-19 所示。

图 5-19　图像污点修复过程

污点修复工具选项栏如图 5-20 所示。

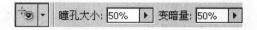

图 5-20　污点修复工具选项栏

● 画笔：调整画笔大小和类型与修复工具结合，多次练习就可获得感觉。

● 模式：可以为修复选择色彩混合模式。

● 类型：能在近似匹配（周边色彩、纹理和明亮）或创建纹理两者中选择。

● 对所有图层取样：可以选择所有允许使用污点修复工具的图层在一个新图层中进行无损编辑。

5.4.4　红眼画笔工具

红眼工具 能在保留照片原有材质感觉与明暗关系的同时，置换任一部位的色彩。

在工具箱选择红眼工具，选项栏如图 5-21 所示。

图 5-21　红眼工具选项栏

无需改变默认设置，即能对多数照片图像各种红眼有很好的消除作用。只需单击即可从中移除红眼，如图 5-22 所示。如果需要，也可以调整瞳孔大小和暗部数量。

提示：如果需要修饰大片区域或需要更大程度地控制来源取样，可以使用修复画笔而不是污点修复画笔。

提示："红眼"是由于相机闪光在人视网膜上反光引起的。在光线暗淡的房间里照相时，由于主体的虹膜张开得较大，图像中出现红眼的可能性较高。

注意：红
眼工具不能用于位
图、索引模式和多
通道色彩模式，在
这些模式下，若要
使用此工具，转换
成 RGB 或 CMYK
色彩模式即可。

图 5-22　左图为原图，右图为去除红眼效果

5.5　修饰类工具

使用模糊工具🔘、锐化工具🔺和涂抹工具🖐可调整图像聚焦的清晰与模糊状态。

5.5.1　涂抹工具

《试题汇编》4.9
题使用此范例。

涂抹工具🖐模拟在湿颜料中用手指涂抹绘画效果，拾取开始位置的颜色并沿拖移的方向展开。

（1）将图 5-23 前景色设置为比衣服的颜色更深一点的红色。选择画笔工具，用较细的笔触，在衣服轮廓的范围内画出衣服表面及衣领的褶皱处的大致线条，如图 5-24 所示。

练习目的：掌握涂
抹工具的使用方
法。

素材来源：打开《试
题汇编》Unit4\
doll.jpg 素材。

图 5-23　素材原图　　　图 5-24　画笔绘画褶皱大致线条

（2）选择涂抹工具，将压力降低为 30% 左右，将褶皱的线条向外柔化延伸涂抹。在涂抹时要灵活改变涂抹画笔的大小，对色泽

不理想的色块进行调整和修改，以使褶皱看上去明暗有序。将色块涂抹得圆滑柔和，如图 5-25 所示。

图 5-25　涂抹衣服褶皱效果

涂抹工具选项栏如图 5-26 所示。

图 5-26　涂抹工具选项栏

● 画笔：选取画笔大小。
● 模式和"强度"：设置涂抹时颜色的混合模式和压力强度。
● 用于所有图层：使用所有可视图层中的颜色数据涂抹。
● 手指绘画：用前景色涂抹。否则从每个涂抹的起点，涂抹工具使用涂抹区域的颜色，如图 5-27 所示。

图 5-27　手指涂抹效果

5.5.2　模糊／锐化工具

模糊工具和锐化工具是聚焦类工具，可以修饰图像聚焦的清晰与模糊状态。模糊工具柔化图像减少细节，对图像进行局部模糊处理；锐化工具提高清晰度或聚焦程度，对图像锐化处理。
模糊工具或锐化工具选项栏如图 5-28 所示。

作品内容：带有大花褶皱的上衣。

《试题汇编》4.4 题使用此范例。

技巧：当用涂抹工具拖动时，按住 Alt 键（Windows）或 Option 键（Mac OS）可使用"手指绘画"选项。

《试题汇编》4.13 题使用此范例。

提示：使用模糊工具在某个区域上方绘制的次数越多，该区域就越模糊。

图 5-28　模糊与锐化工具选项栏

注意：在位图、索引颜色模式或 16 位／通道的图像中不能使用涂抹、聚焦、色调和海绵等修饰工具。

- 画笔：选取画笔的大小。
- 模式：指定颜色混和模式。
- 强度：模糊或锐化程度。

所选择的画笔越大，则模糊和锐化的范围越广；所选择的强度越大，效果越明显。

5.5.3　减淡／加深／海绵工具

使用减淡 、加深 和海绵 色调类工具可修饰图像的色调。

减淡或加深工具用于变亮或变暗图像区域，基于调整照片特定区域的曝光度的传统摄影技术。摄影师减弱光线使照片中的某个区域变亮（减淡），或增加曝光度使照片中的某个区域变暗（加深）。海绵工具 可更改区域的色彩饱和度。

练习目的：掌握减淡／加深工具绘制明暗区域的方法。

（1）继续前例的绘画，完成涂抹后，再用加深工具对褶皱的交界及角落处做轻微的涂抹，注意适当降低加深工具的曝光度，如图 5-29 所示。

《试题汇编》4.4 题使用此范例。

（2）使用减淡工具，将压力降低至 30% 左右，依着褶皱的纹路走向，对褶皱的凸起和一些大的平滑面作涂抹。凸起处因为是受光比较强的地方，所以，那些地方的颜色相应地应比别处的颜色亮，如图 5-30 所示。

技巧：当用涂抹工具绘画时，按住 Alt 键可以启用"手指绘画"选项功能。

图 5-29　用加深工具涂抹暗区　　　图 5-30　用减淡工具提高明亮区域

减淡／加深／海绵工具选项栏如图 5-31 所示，加深工具和减淡工具的选项是相同的，均可设置画笔大小。

图 5-31 色调工具选项

● 曝光度：曝光度越大，加深和减淡的效果越显著。
● 范围：有更改深暗色区域、灰色中间区域和高光区域三种方式。
● 加色：增加图像中颜色的饱和度。
● 去色：降低图像颜色的饱和度。

5.6 图像消失点工具

Photoshop 滤镜菜单中的消失点工具能在修复图像时自动按透视进行擦涂。

使用一般复制功能修复图像不能很好地处理透视关系，消失点工具则可以快速地完成此操作。

（1）选取"滤镜"＞"消失点"，对话框如图 5-32 所示。

图 5-32 "消失点"对话框

（2）选择创建平面工具在图像中定义透视平面，在图像中单击四个点定义一个网格即可。透视正确 Photoshop 将以蓝色显示网格，如果是黄色或红色框线说明透视平面还不够准确。

（3）可使用选框工具、图章工具或者画笔工具，编辑

提示：如果具有重叠的平面，按住 Ctrl 键并单击可在重叠的平面中循环。

提示：如果新创建的平面没有与图像正确对齐，可选择编辑平面工具并移动角节点调整。此操作将影响所有连接的平面。

《试题汇编》4.18 题使用此范例。

提示：一旦从现有（父）平面创建新（子）平面，就再不能调整父平面的角度。

图像。例如使用选框工具选取人物旁边的栏杆，拖动选区覆盖到人物上。

（4）在对话框顶部选择"修复"选项，选区就会无缝过渡复制到新环境中，修复效果如图 5-33 所示。

图 5-33　选框工具透视修复效果

提示：当将一个项目粘贴到消失点中时，粘贴的像素将位于浮动选区中。

在本例中只需要一个透视平面。如果需要，也可以拉动原来的网格随意增加定义多个平面，这样就可以复制对象并完美地保持透视。然后通过变换工具调整使之在新位置看起来更合适恰当。

如图 5-34 所示例子中，消失点的图章工具被用于从原图中移除软管和刷子。像选框一样，复制地板时一样可以透视对齐。也可以使用大小不同的画笔调整适应透视。

《试题汇编》4.17 题使用此范例。

图 5-34　消失点的图章工具透视修复效果

注意：在消失点中粘贴图像，除将粘贴图像拖动到透视平面之外，单击其他任何位置会取消选区并将像素永久粘贴到图像中。

5.7　样题解答

（1）打开素材文件夹下 Unit4\leaf1.jpg 素材，树叶形状如图 5-35 所示。

图 5-35　素材

（2）选择污点修复工具，点击树叶上污点进行修复，如图 5-36 所示。

图 5-36　修复污点

（3）使用"污点修复画笔工具"修补效果如图 5-37 所示。

图 5-37　修复污点效果

（4）选择"修复画笔工具"，点击树叶的孔洞，进行修补，如图 5-38 所示。

图 5-38　修补孔洞

（5）使用修复画笔工具修补孔洞效果，如图 5-39 所示。

图 5-39　修补孔洞效果

（6）选择"仿制图章工具"，同时按 Alt 键单击，取得较好的树叶复制源，移至树叶黑色区域单击复制树叶纹理。继续在树叶的边缘取得复制源，移至树叶缺口处进行复制，如图 5-40 所示。

图 5-40　复制修补纹理和缺口

（7）使用仿制图章工具复制修补纹理和缺口效果，如图 5-41 所示。

图 5-41　复制修补纹理和缺口效果

（8）使用"快速选择工具"或"套索工具"，选择树叶，（也可用魔术橡皮擦工具）如图 5-42 所示。

图 5-42　选择树叶

（9）将树叶直接移至新文件，或者执行"选择"＞"反向"命令，按下删除键去除背景，如图 5-43 所示。

图 5-43　去除背景

第6章 矢量绘图

在实际的设计过程中，由于构思的不断改变，很可能经常进行各种各样的修改，比如缩放、旋转、五边形改六边形、直线改曲线和改变选区的形状等。

如果是使用点阵绘画，很多情况下都只能重新绘制。使用矢量图形则可以避免这些情况，并且矢量图像对系统资源占用较少，不受输出分辨率的影响，所以在实际设计当中，应着重考虑使用矢量图形进行制作。

钢笔工具属于矢量绘图工具，其优点是可以勾画平滑的曲线，在缩放或者变形之后仍能保持平滑效果。钢笔工具画出来的矢量图形称为路径，路径可以是不封闭的开放路径，或是起点与终点重合的封闭路径。

很多时候并不需要完全从无到有地绘制一条新路径。Photoshop 提供了一些基本的路径形状，可以直接绘制形状路径或者在此基础上加以修改形成需要的形状，这样不仅快速，并且效果也比完全用手工绘制的要好。这就是形状工具，包括：矩形工具、椭圆工具、圆角矩形工具、多边形工具、直线工具和自定义工具。在默认情况下，新创建的形状都包含纯色填充图层和定义了形状的矢量蒙版。借助于填充工具，可以很方便地改变图层的填充颜色，或是以渐变或图案来进行填充。

Photoshop 利用路径调板可以创建路径、重命名路径、删除路径和存储路径。还可以将路径转换选区、将选区转换为路径、围绕路径描边、填充路径等。

本章主要技能考核点：

● 形状（图层）工具（矩形、椭圆、多边形、直线、自定义形状）；
● 钢笔工具（路径编辑）；
● 填充像素（与选区转换、填充、描边）。

评分细则：

本章有 3 个基本点，每题考核 3 个基本点，每题 10 分。

序号	评分点	分值	得分条件	判分要求
1	绘制路径	4	根据要求绘制图形	图形相近可得分
2	路径编辑	4	按照要求变换处理	形状不正确不得分
3	效果修饰	2	按照要求修饰图形	允许一定创意发挥

本章导读：

如上所述，我们明确了本章所要求掌握的技能考核点以及对应《试题汇编》单元的评分点、得分条件和判分要求等。下面我们先在"样题示例"中展示《试题汇编》中一道关于绘制高脚杯的真实试题，并在"样题分析"中对如何解答这道试题进行分析，然后通过一些案例来详细讲解本章中涉及到的技能考核点，最后通过"样题解答"来讲解"绘制高脚杯"这道试题的详细操作步骤。

6.1　样题示例

操作要求

用路径绘制高脚酒杯，如图 6-1 所示。

图 6-1　效果图

练习目的：从《试题汇编》第五单元中选取的样题，由此观察体会本章题目类型。了解本章对学习内容的要求。

打开素材文件下 Unit5\goblet.psd 素材，高脚酒杯图形轮廓如图图 6-2 所示。

（1）绘制路径：用钢笔分别多次勾画玻璃杯的高光区域和反光区域。

（2）路径编辑：路径填色、调整透明度和编辑蒙版，酒杯产生玻璃质感。

（3）效果修饰：同样方法制作酒杯脚。

将最终结果以 X5-20.psd 为文件名保存在考生文件夹中。

素材来源：《试题汇编》第五单元素材 goblet.psd。

作品内容：使用钢笔分别勾绘明亮、中调和阴影区域，再分别填充不同的灰白色调，形成半透明的玻璃制品。

图 6-2　酒朴轮廓

6.2　样题分析

这个作品是用钢笔工具描绘，以此填充来表现玻璃杯的阴暗区、中调区、高光区和反光区，所以需要有较好的手绘功夫。为

解题和创作思路，所使用的技能要点。

了便于各个区域分别处理，建议为每次勾画新建图层。

依照效果图勾画各个区域的范围，需要熟练掌握钢笔工具、路径调节和物体明暗区域的表现方法，所以了解本章技能要点的使用方法才是根本。

由此可以看出，Photoshop 是计算机与美术的结合产物。

6.3　形状工具

提示：在 Photoshop 中开始绘图之前，可从选项栏中选取绘图模式，包括创建矢量形状和路径。

在计算机上制图时，有绘图和绘画两种不同方式。

前面学习的绘画类似于手工描绘。通常叫图像（照片、具体景物内容、扫描或拍照所得），更改像素的颜色，与分辨率有关，改变其大小将影响其品质。图像可以应用渐变、柔化边缘等操作，还有强大滤镜效果，如图 6-3 所示点阵图。

绘图是计算定义的几何形状（也称为矢量图），通常叫图形（标志、线条路径、单色或多色填充、几何原理定义所得），与分辨率无关，改变大小不影响其品质。例如：绘制一个圆，这个圆由特定的半径、位置和颜色组成，如图 6-4 所示。

图 6-3　点阵图　　　　　　　图 6-4　矢量图

使用图形绘图具有以下优点：

● 可以快速选择形状、调整大小、移动、编辑轮廓（在此称为路径）和属性（如线条粗细、填充色和样式）。

● 图形形状与分辨率无关，当调整形状的大小或将其打印到 PostScript 打印机、存储到 PDF 文件、导入矢量图形应用程序时，形状保持清晰的边缘。

当然两者可以互相转换，将路径转换为选区或将选区转换为路径。

形状或钢笔工具可以创建形状图层▢、路径▨和填充像素▢三种不同性质的对象，如图 6-5 所示。

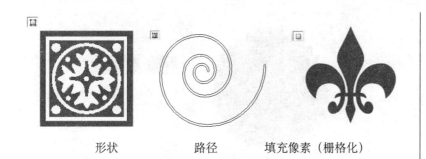

形状　　　　　　路径　　　　填充像素（栅格化）

图 6-5　三种绘制类型

形状图层（图层蒙版）：形状由当前的前景色自动填充，也可以将填充更改为其它颜色、渐变或图案。形状的轮廓存储在"路径"调板中。

● 路径：工作路径是一个临时路径，不是图像的一部分，直到以某种方式应用它。可以将工作路径存储在"路径"调板中以备使用。

● 填充像素（点阵图）：直接在现有的图层中创建像素图像，由当前的前景色自动填充，相当于建立选区和填充命令两者的结合。但不能作为矢量图形进行形状编辑。

6.3.1　形状图层

形状工具包括：矩形工具■、圆角矩形工具■、椭圆形工具○、多边形工具○、直线工具、和自定形状工具✿。形状工具是绘制图形，选框工具是选择范围虚线，两者是不同的。

（1）选择多边形形状工具○，选择形状图层状态○，选项栏如图 6-6 所示。

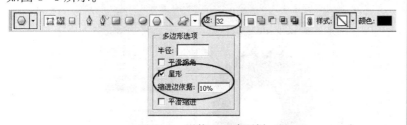

图 6-6　形状工具选项栏

（2）按住 Shift 键，在文件中拖移创建一个多边形图形，形状图形会自动填充前景色，每个形状轮廓自动形成一个新的链接图层矢量蒙版，如图 6-7 所示。

练习目的：掌握形状图层的使用方法。

技巧：按住 Shift 键，可将矩形或圆角矩形约束成方形、将椭圆约束成圆或将线条角度限制为 45 度角的倍数。

技巧：将指针放置到形状中心所需的位置，按下 Alt 键可从中心向外绘制，

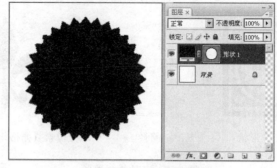

图 6-7　绘制形状和图层调板

（3）选择工具箱内的"直接选择工具"，按 Shift 键将内圈的节点全部选中。然后按 Ctrl+T 快捷键，执行"编辑">"自由变换路径"命令，选项栏中的旋转角度值设置为 5，结果如图 6-8 所示。

提示：可以在图层中使用"添加""减去""交叉"或"除外"选项来修改图层中的当前形状。

图 6-8　自由变换路径

（4）选择椭圆工具，在选项栏设置运算关系为"从形状区域减去"，按住 Shift 键，建立一个正圆，如图 6-9 所示，在同一图层中绘制多个形状。

图 6-9　建立正圆图形

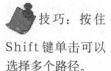

技巧：按住 Shift 键单击可以选择多个路径。

（5）选择"路径选择工具"，按住 Shift 键，同时选择多边形和正圆，单击"垂直居中对齐"和"水平居中对齐"按钮，将正圆与多边形居中对齐，如图 6-10 所示。

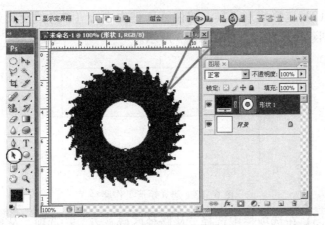

图 6-10　对齐圆形与多边形

（6）建立齿轮形状前或之后，在"样式"调板中选择图层样式，可以快速创建图形的立体效果，如图 6-11 所示。

图 6-11　给形状图层添加图层样式效果

6.3.2　创建路径

形状工具不但能创建形状图层（填充路径／形状图层蒙版），而且也可以直接创建路径形状（无填充物）。

创建路径可定义形状的轮廓，路径的使用有以下几种方式：

- 可以将某路径用作图层剪贴路径。
- 可以将路径转换为选区。
- 可以编辑路径更改其形状。

（1）在画布中间拖出两条相交的参考线。选择矩形工具，在选项栏选择创建新路径，如图 6-12 所示。

图 6-12　矩形工具选项栏

技巧：也可选择相应的路径通过拖动或键盘箭头键将它移动位置。

作品内容：立体金属齿轮。

提示：样式是一种效果库，形状可直接应用样式产生奇特立体形状。

练习目的：创建路径的方法。

《试题汇编》5.5题使用此范例。

 提示：路径与形状的绘制方法基本相同，只是绘图效果内部没有填充物。

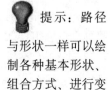 提示：路径与形状一样可以绘制各种基本形状、组合方式、进行变换等各种操作。

（2）选择矩形工具，按住 Alt 键由中心（参考线交叉处）向边缘创建矩形路径，如图 6-13 所示。

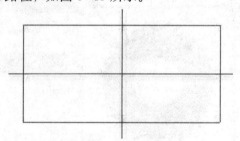

图 6-13　建立矩形工作路径

（3）在选项栏中选择"从路径区域减去"选项，从参考线交界处拖拉出另一个矩形路径。再在选项栏中选择"添加到路径区域"选项，创建第三个矩形，形成"中"字路径形状，如图 6-14 所示。

（4）用路径选择工具全部选择"中"字，按 Ctrl+T 快捷键，执行"倾斜"变换操作，如图 6-15 所示。

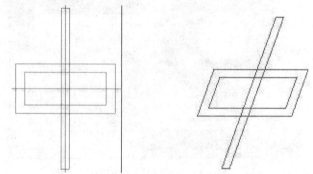

图 6-14　建立"中"字工作路径　　图 6-15　自由变换工作路径

（5）继续创建三个矩形，如图 6-16 所示变换对接。

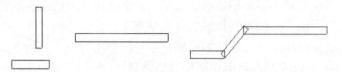

图 6-16　对接矩形

（6）选择"路径选择工具"，在选项栏选择"添加到形状区域"，全部选择三个矩形，单击组合按钮，组合在一起，如图 6-17 所示。

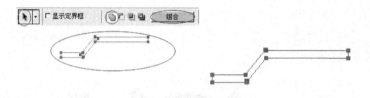

图 6-17　组合矩形

（7）用同样的方法制作、复制组合矩形，与"中"字路径组合，如图 6-18 所示。

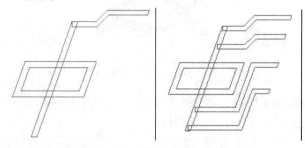

图 6-18　组合路径图形

（8）按 Ctrl+Enter 键将路径转换为选区，并填充颜色，效果如图 6-19 所示。

注意：矢量图形与像素图像不能在同一图层绘制。

图 6-19　填充路径转换的选区

作品内容：中国邮政标志。

6.3.3　填充像素（栅格化图）

填充像素不是矢量图形而是像素图像。创建填充像素的过程等同于创建选区、用前景色填充、取消选区三个步骤。由于是填充像素，因此不能像路径和形状作为矢量对象进行编辑。

创建栅格化填充像素不会自动创建图层，也不会出现矢量形状。

（1）选择形状工具，在选项栏选择"填充像素" ，如图 6-20 所示。

注意：创建栅格化形状时，用前景色进行填充，已经直接栅格化为点阵图。不能像处理矢量对象那样来编辑栅格化形状。

图 6-20　形状工具的填充像素状态选项栏

练习目的：学习填充像素的绘制方法。

《试题汇编》5.10题使用此范例。

（2）使用椭圆工具，制作一大（黑）和一小（黄色）两个同心圆形。

（3）使用直线工具，按住 Shift 键，绘制两条 45 度的交叉线，如图 6-21 所示。

图 6-21　RR 标志

技巧：按住 Alt 键由形状中心开始由边缘绘制。

选择矩形工具□、圆角矩形工具□、椭圆工具●、多边形工具◎、直线工具＼或自定形状工具✿。

在选项栏，单击形状右侧"几何选项"按钮▾查看附加选项，如图 6-22 所示。

图 6-22　左图矩形工具选项，中图多边形工具选项，
右图直线工具选项

矩形／圆角矩形／椭圆工具选项：

● 不受限制：建立任意形状不受约束的矩形。

● 方形：建立正方形。

● 固定大小：建立指定大小的矩形。

● 比例：建立指定宽高比的矩形。

● 从中心：由中心点向边缘拖画矩形。

● 对齐像素：将矩形或圆角矩形的边缘对齐像素边界。

● 半径：对于圆角矩形，在选项栏上指定圆角半径。

多边形工具选项：

● 半径：指定中心至边缘的距离。

● 平滑拐角／平滑缩进：平滑多边形或星形的拐角。

● 星形：指定创建星形。

● 缩进边依据：将多边形渲染为星形。数字指定星形半径中被点占据的部分。如果设置为 50%，则所创建的点占据星形半径总长度的一半；如果设置大于 50%，则创建的点更尖、更稀疏；如果

注意：栅格化与形状都可以绘制各种基本形状，但栅格化不能进行组合、变换操作。

小于 50%，则创建更圆的点。

直线选项：

● 箭头选项：指定在线段的起点或终点添加箭头。

● 宽度和长度：决定以直线宽度的百分比指定箭头的比例（"宽度"值从 10% ～ 1000%，"长度"值从 10% ～ 5000%）。

● 凹度值：定义箭头最宽处（箭头和直线在此相接）的曲率（取值范围为 –50% ～ 50%）。

6.3.4 自定形状工具

当使用自定形状工具 时，可以从各种预设形状库中选取各种形状直接使用，如图 6–23 所示。

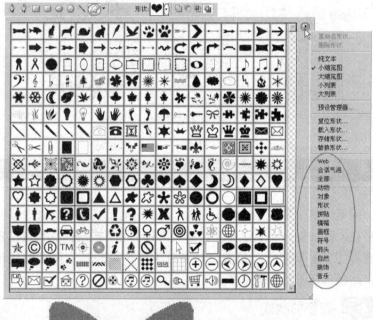

图 6–23 自定形状库和效果

与前面章节讲解的定义图案、定义画笔一样，也可以自己设定形状存储到预设库中。自定义图案可以是形状图层，也可以是工作路径，否则需转换为路径状态。

（1）创建形状图形，如图 6–24 所示。

 技巧：按住 Shift 键，将矩形或圆角矩形约束成方形，或将椭圆约束成圆，或将线或角限制为 45 度的倍数。

提示：自定形状调板与其他调板一样，也可以进行复位、存储、载入和替换、浏览方式等操作。

提示：自定义形状，与原颜色无关，没有过渡色，只是定义形状轮廓（单一填充）。

练习目的：掌握定义形状图形的方法。

作品内容：环形标志。

《试题汇编》5.2 题使用此范例。

提示：使用钢笔工具进行绘图之前，可以在"路径"调板中创建新路径以便自动将工作路径存储为命名的路径。

（2）执行"编辑"＞"定义自定形状"命令，设定自定义形状名称，如图 6-25 所示。

图 6-24　创建图形　　　　图 6-25　定义自定形状

（3）自定义形状出现在预设库中，如图 6-26 所示。使用自定形状绘制图案应用效果。

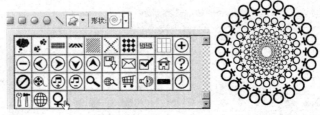

图 6-26　添加新自定形状和应用效果

6.4　钢笔工具

钢笔工具主要包括钢笔工具 ✎、自由钢笔工具 ✎ 创建直线或曲线路径。添加锚点工具 ✎ 和删除锚点工具 ✎ 用来控制锚点数量；直接选择工具 ▸ 调整锚点位置；转换点工具 ⋀ 调整锚点两侧曲线形状；路径选择工具 ▸ 整体移动路径。

6.4.1　路径的构成

路径由一个或多个直线段或曲线段组成。

锚点标记路径段的端点。在曲线段上，每个选中的锚点显示一条或两条方向线，方向线以方向点结束。方向线和方向点的位置确定曲线段的大小和形状。移动这些元素将改变路径中曲线的形状，如图 6-27 所示。

路径可以是闭合的，没有起点或终点，也可以是开放的，有明显的端点。

平滑曲线由平滑点的锚点连接。尖锐的曲线路径由角点连接，图 6-28 所示为平滑点和角点。

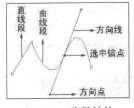
图 6-27　路径结构

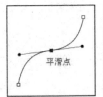
图 6-28　锚点类型

技巧：按 Alt 键并拖动方向线以中断锚点的方向线。

当移动平滑点的一条方向线时，将同时调整该点两侧的曲线段。相比之下，当移动角点的一条方向线时，只调整与方向线同侧的曲线段，如图 6-29 所示调整平滑点和角点。

在创建曲线时，使用钢笔工具向曲线的隆起方向拖移以确定第一个方向点，如果向相反的方向拖移第二个方向点将创建"C"形曲线；如果向相同方向拖移第二个方向点将创建"S"形曲线，如图 6-30 所示。

图 6-29　调整平滑点和角点方向线

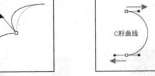

图 6-30　曲线段类型

路径不一定是一段一段连接起来的整体。它可以包含多个明显独立的路径组件。形状图层中的每个形状都是路径组件，图 6-31 所示为图层剪贴路径选中的单独路径组件。

技巧：若要急剧改变曲线的方向，松开鼠标按钮，然后按住 Alt 键并沿曲线方向拖动方向点。松开 Alt 键和鼠标，将指针重新定位到曲线段的终点，并向相反方向拖移以完成曲线段。

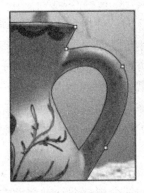
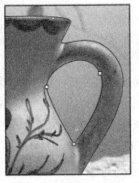
图 6-31　路径组件

6.4.2　钢笔工具绘制直线

使用钢笔工具最简单的就是绘制直线，用钢笔工具只需确定连接线段的两个锚点即可。单击鼠标定义第一个锚点（起始点），移动鼠标到第二个锚点的位置上单击，与第一个锚点建立直线连接，以同样方法继续绘制其他锚点，如图 6-32 所示。当光标接

提示：单击
第二个锚点之前，
线段暂不可见（"橡
皮带"选项以预览
路径段。）。此外，
如果显示方向线，
则表示意外拖动了
钢笔工具，可选择
"编辑">"还原"
并再次单击。

《试题汇编》5.3
题使用此范例。

《试题汇编》5.13
题使用此范例。

提示：生成
曲线时，尽量减少
锚点的个数，并且
尽量增加任意两个
锚点之间的距离，
不要在路径的凸出
部分设置锚点。

近起始点时出现一个小圆圈，单击可闭合形成封闭路径，如图
6-33 所示。

图 6-32　绘制直线段　　　图 6-33　起点与终点闭合

如果在选项栏中选择"自动添加／删除"，则单击直线段时，
将添加一个锚点。而当单击现有的一个锚点时，该锚点将被删除。

钢笔绘制路径也可设定与其他形状组合方式，图 6-34 所示为
从"路径中减去"效果。

图 6-34　钢笔绘制直线从圆角矩形中减少

6.4.3　钢笔工具绘制曲线

当需要生成弯曲的形状或选区时，使用钢笔工具就能达到精确
地绘制光滑曲线的效果。在拖动钢笔工具绘制曲线的过程中，锚点
的反方向会延伸出一条方向线。方向线的长度和角度决定了曲线的
长度和倾斜程度，方向线的两个端点称为方向点。单击拖动任意一
个方向点可以移动方向线，这样就可以改变曲线的长度和形状了。
按住 Shift 键可使方向线按 45°大小变化，生成曲线并取消选择，
方向线和方向点也就都消失了。

调整曲线形状的另一种方式是用"直接选择工具"单击曲线
段，然后拖动它。此时，两条方向线会根据曲线的移动方式进行调
整。除了改变曲线的倾斜程度之外，还可以使用"直接选择工具"
移动任意一个锚点，从而改变曲线的宽度。

（1）选择钢笔工具，单击生成一个锚点，然后向下拖动鼠标
准备生成一条向下的曲线。拖动过程中，钢笔尖变成了箭头，表明
曲线方向，如图 6-35 所示。

图 6-35　生成方向线

（2）在第一个锚点右侧生成曲线的第二个锚点，要生成曲线，直接点击拖动鼠标即可。此时曲线的终止点即为新的锚点。拖动过程中，曲线形成了并且同时出现了一条新的方向线，如图 6-36 所示。

（3）准备生成下一条曲线，将钢笔工具向最后一个锚点的右侧移动，然后垂直向下拖动，如图 6-37 所示。

图 6-36　建立新的锚点　　　图 6-37　建立新的曲线

（4）要调整曲线，需将钢笔工具转化为"直接选择工具"。按住 Ctrl 键，将钢笔笔尖（或十字标线）光标转换为"直接选择工具" 。单击需要改变的曲线方向线，将其拖移到合适的位置可以改变曲线的形状，松开按键返回钢笔工具，如图 6-38 所示。

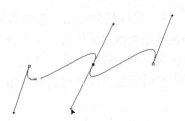

图 6-38　调整曲线

（5）选择钢笔工具，在选项栏中选择"路径" 方式。在图像中绘制瓶子形状路径，在"路径"调板，出现绘制的瓶子路径，如图 6-39 所示。

 注意：两曲线之间的光滑过渡。两曲线之间的锚点称为"光滑点"。当方向线与一光滑点相交时，两侧的曲线随着方向线的调整而变化，如图 6-38 所示。

注意：如果被屏幕上的线、点或其他形状的物体搞得很困惑，不要着急。需要记住的最重要的概念就是曲线始终是向拖动鼠标的方向弯曲的。曲线的第一部分向下弯曲（第一次向下拖动鼠标），第二部分向上弯曲，因为拖动鼠标的方向是向上的。

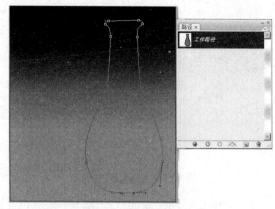

图 6-39　绘制瓶子基本形状

注意：路径删除之后若想再次显示曲线段的方向线，可以用"直接选择工具"点击这一曲线段。

《试题汇编》5.19 题使用此范例。

6.4.4　角点绘制扇形曲线

使用钢笔工具绘制曲线也可以让它们指向相同的方向。如扇形曲线的绘制方式与上面讲述的连续曲线的绘制方式不同。生成扇形曲线时，会生成一个角点用于改变曲线的绘制方向，从角点引出的方向线工作方式与光滑点引出的方向线不同，角点方向线只控制曲线的一边。

（1）用钢笔工具产生第一条曲线，如图 6-40 所示。

图 6-40　绘制曲线

技巧：按下 Alt 键可暂时将钢笔工具更改为转换点工具。

（2）绘制下一条曲线的指向与第一条曲线的指向相同。要实现这一操作，需要在两条曲线之间生成一个角点，将鼠标定位在生成的锚点上，按 Alt 键，向上拖动生成一条新的方向线。注意此时一条方向线消失了。然后释放 Alt 键和鼠标，如图 6-41 所示。

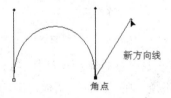

图 6-41　绘制角点

（3）要产生第二条曲线，可直接将钢笔工具移动到生成的锚点处。向下拖动鼠标，生成第二条曲线，如图 6-42 所示。

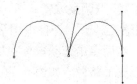

图 6-42　创建第二条曲线

提示：要闭合路径，可以选择该对象并选择"对象">"路径">"闭合路径"。

（4）想要产生第三条扇形曲线，重复第（2）、（3）步　即可。

（5）角点可以控制曲线的方向，也可以生成路径，在路径当中可以将直线段加入到曲线中，将直线与曲线连接起来。

（6）我们周围的物体，例如花瓶、水瓶、船浆都是由曲线和直线构成的。要生成角点来连接曲线和直线，按 Alt 键并点击最后生成的锚点。注意此时底部的方向线出现了，然后释放鼠标和 Alt 键。希望生成一条与平面成 45 度角的直线，可以在点击鼠标时按下 Shift 键。此时曲线与直线连接在一起，如图 6-43 所示。

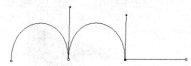

图 6-43　扇形曲线的效果

图 6-44 为锤子路径勾画中使用角点绘制扇形曲线的效果。

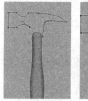

图 6-44　曲线锤子

思考图 6-45 所示蝙蝠的图形绘制方法。

图 6-45　绘制蝙蝠

《试题汇编》5.11题使用此范例。

《试题汇编》5.12题使用此范例。

6.4.5　自由钢笔工具

使用自由钢笔 ，可以像用钢笔在纸上一样随意绘出图形的轮廓，此时将自动添加锚点，无需单击确定锚点的位置，完成路径后也可用"直接选择工具"调整编辑。

（1）选择自由钢笔工具，将自由钢笔工具移动到图像中物体边缘，例如图中鸟，然后点击拖动鼠标在物体周围形成轮廓。在单击和拖动过程中便形成了路径，如图 6-46 所示。

（2）在起点处单击将创建一条闭合路径，如图 6-47 所示。

图 6-46　自由钢笔绘制　　图 6-47　自由钢笔路径

提示：自由钢笔完成路径后可进一步对其进行调整。要绘制更精确的图形，可使用钢笔工具。

（3）可以用"直接选择工具"对路径中锚点进行调整。将路径转换变成选区，可以将物体选出，如图 6-48 所示。

图 6-48　将鸟从背景中分离

自由钢笔选项栏如图 6-49 所示。

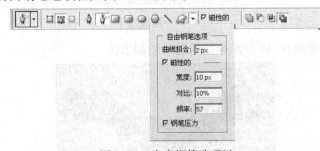

图 6-49　自由钢笔选项栏

技巧：按住 Alt 键并拖动，可绘制手绘路径。

技巧：按住 Alt 键并单击，可绘制直线段。

● 曲线拟合：输入 0.5 ～ 10.0 像素之间值。数值越高，创建路径锚点越少越简单。

● 宽度：输入 1 ～ 40 之间像素值，磁性钢笔探测指定距离内的边缘。

● 对比：输入 0 ～ 100 之间百分比，边缘像素之间对比度随此值变化而变化，数值越高，对比度越低。

● 频率：输入 0 ~ 100 之间数值，指定锚点密度，数值越高，锚点定位越快。

● 钢笔压力：钢笔压力的增加将导致宽度的减小。

● 磁性的：定义搜索范围和灵敏度，与磁性套索工具原理具有相同之处。

技巧：按左方括号键可将磁性钢笔的宽度减小 1 个像素，按右方括号键可将钢笔宽度增加 1 个像素。

在选项栏中选择"磁性的"，钢笔工具转换为 ，观察图 6-50 所示使用磁性钢笔描绘物体的过程，体会其使用方法。

图 6-50　磁性钢笔描绘过程

技巧：按住 Alt 键并双击，闭合包含直线段的路径。

6.5　路径编辑工具

路径是由一个或多个路径组件连接起来的一个或多个锚点的集合。初步制作路径有时可能不符合要求，比如路径圈选的范围多了或者少了，路径的位置不合适等，这就需要对路径进一步调整和编辑。编辑改变路径也需要从锚点和线段着手。

6.5.1　选择工具

（1）路径选择工具 ▶：选择整体路径进行移动，所有锚点显示实心点，如图 6-51 所示。

（2）前面已经使用到直接选择工具 ▷，用该工具可选择锚点或线段进行移动，未选中锚点显示为空心，如图 6-52 所示。按住 Shift 键可增加选择锚点或线段。

提示：选择选项栏中"显示外框"，可同时显示外框和选中的路径。

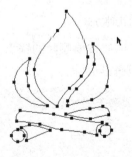

图 6-51　路径选择工具
选择整个路径

图 6-52　直接选择工具
选择锚点或线段

提示：使用
Delete、Backspace
和 Clear 键或"编
辑">"剪切"或
"编辑">"清除"
这些键和命令将删
除点和连接到该点
的线段，不能控制
只删除锚点。

（3）使用直接选择工具移动锚点将改变路径曲线形状，如图 6-53 所示；也可拖动方向线；调整所选锚点任意一侧线段形状，如图 6-54 所示。

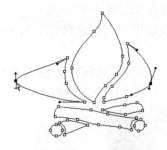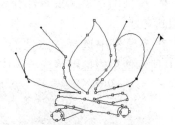

图 6-53　移动锚点　　　　图 6-54　调整方向线

（4）按 Backspace 或 Delete 键可删除所选择线段。

6.5.2　添加／删除锚点工具

添加锚点和删除锚点工具可以添加和删除形状上的锚点。

（1）选择添加锚点工具，将光标放在路径上（指针旁会出现一个加号），如图 6-55 中 A 所示。

（2）执行下列任一操作：

● 要添加锚点但不更改线段的形状，在路径上单击，如图 6-55 中 B 所示。

● 要添加锚点并更改线段的形状，可点击并拖移以定义锚点的方向线，如图 6-55 中 C 所示。

● 若要将一个锚点更改为角点，按住 Alt 键并单击此锚点，如图 6-55 中 D 所示。

A　　　　B　　　　C　　　　D

图 6-55　添加锚点的几种方式

（3）选择删除锚点工具，将光标放在要删除的锚点上（指针旁会出现一个减号），单击锚点即可将其删除。

6.5.3　转换方向点工具

1．将光滑点转化为角点

下面用三角形与菱形的转换来理解转换方向点工具的使用方法。

（1）用钢笔工具绘制三角形，选择添加锚点工具（或在钢笔工具选项条上选中"自动添加／删除"复选框），将鼠标定位于底边的中点并单击，如图 6-56 所示。

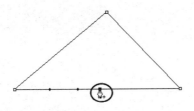

图 6-56 添加新锚点

（2）按 Alt 键，用"直接选择工具"将锚点向下移动生成菱形，如图 6-57 所示。

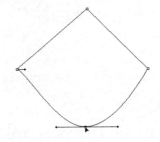

图 6-57 移动锚点

（3）新生成的锚点是光滑点，选择转换点工具，按 Alt 键，单击锚点，光滑的点变成一个棱角分明的角点，将圆滑的边转换为角线，如图 6-58 所示。

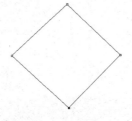

图 6-58 菱形效果

（4）如希望将菱形再转换为原来的三角形，删除最后生成的锚点就可以了。选择删除锚点工具（或选中铅笔工具选项条上的"自动添加／删除"复选框），单击生成菱形的那个锚点，角点消失，菱形又恢复了原来的三角形形状。

进行光滑点与角点之间的互相转化可以迅速地编辑路径并改变它们的形状。例如，当为某个物体描绘轮廓时，可以先用直线段连接，然后将角点转化为光滑点，将其变为曲线。

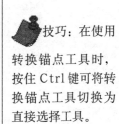

技巧：使用直接选择工具时，按住 Ctrl+Alt 组合键可将直接选择工具切换为转换锚点工具。

技巧：在使用转换锚点工具时，按住 Ctrl 键可将转换锚点工具切换为直接选择工具。

2. 将角点转化为平滑点

（1）使用钢笔工具生成四个锚点，将它们连接成一个楔形，如图 6-59 所示。

技巧：使用钢笔工具时按住 Alt 键可暂时切换到转换点工具。

图 6-59　创建楔形

（2）将顶部的两个角点转化成光滑点。按 Alt 键，点击左上方的角点并向左下方拖动，直到变成曲线为止，如图 6-60 所示。

图 6-60　角点转换为平滑点

（3）使用转换方向点工具单击右上方的角点，拖动方向线直到生成曲线，如图 6-61 所示。用同样方法调整下方的角点，效果如图 6-62 所示。

图 6-61　角点转换为平滑点　　　图 6-62　绘制心形效果

6.5.4　变换路径

大多数的 Photoshop 菜单命令对路径不生效，然而选定路径之后，"编辑" > "变换路径" 中的命令将会被激活。选择 "路径" 或 "锚点"，打开编辑菜单，其中包含 "自由变换路径" 命令和 "变换路径" 子菜单（如果选定部分路径，将会出现 "自由变换点" 命令和 "变换点" 子菜单）。

练习目的：路径变换的使用方法。

由于在第 3 章中已经介绍了变换命令，在此不再重述。

下面通过 "火炬" 实例进一步了解路径的变换。

（1）选择圆角矩形工具，在选项栏中设置半径为 20。建立圆角矩形如图 6-63 所示。按 Ctrl+T 快捷键，单击右键，在下拉菜单中选择"透视"，透视变换效果如图 6-64 所示。

图 6-63 建立圆角矩形　　图 6-64 透视变换圆角矩形

（2）按 Ctrl+Alt 拖移，产生复制图形，按 Ctrl+T 快捷键，对复制路径图形进行缩放、透视变换，如图 6-65 所示。

（3）选择矩形工具，创建竖直的矩形，按 Ctrl+T 快捷键，对矩形进行透视变换，如图 6-66 所示，火炬手柄制作完毕。

图 6-65 图形透视 　　　图 6-66 矩形透视

（4）下面制作火焰。将前景色设置为红色，用椭圆工具创建一个椭圆，用"直接选择工具"选择椭圆路径，如图 6-67 所示，选择"转换点工具"，单击顶部和下部的锚点，如图 6-68 所示。

图 6-67 选择椭圆锚点 　　图 6-68 编辑椭圆锚点

（5）按 Ctrl+T 快捷键，单击右键选择"变形"命令，在选项栏的"自定"下拉菜单中选择"旗帜"，然后对变形后的图形进行缩放、垂直翻转和旋转操作，效果如图 6-69 所示。

图 6-69 火焰制作过程

（6）按住 Ctrl+Alt 拖移，产生复制图形，缩放调整效果如图 6-70 所示。添加文字和背景效果的火炬标志如图 6-71 所示。

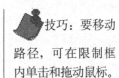

技巧：要移动路径，可在限制框内单击和拖动鼠标。

提示：使用移动工具可对齐不同图层上的形状。

技巧：要产生透视，可以在单击拖动鼠标时按下 Shift+Alt+Ctrl 键。

技巧：要缩放路径，可单击拖动手柄，按住 Shift 键可按此例缩放。

技巧：要斜切路径，可按下 Shift 和 Ctrl 键拖动手柄。

图 6-70　另一个火焰的效果　　图 6-71　火焰徽标的效果

下面是制作 UFO 飞船的例子。

（1）选择椭圆工具，建立如图 6-72 所示椭圆。在椭圆选项栏中，单击"从路径区域减去"按钮，建立如图 6-73 所示的椭圆，相减结果如图 6-73 所示。

练习目的：再通过一个实例对路径组合、变换，进一步理解路径绘图的强大功能。

图 6-72　建立椭圆　　图 6-73　两椭圆进行相减运算

（2）选择矩形工具，建立如图 6-74 所示矩形。按 Ctrl+T 快捷键，执行自由变换命令。单击右键，在下拉菜单中选择"透视"命令，透视变换效果如图 6-75 所示。按 Ctrl+T 快捷键，执行自由变换命令，单击右键，在下拉菜单中选择"变形"，在选项栏中，从"变形"选项中选择"拱形"，调整效果如图 6-76 所示。

技巧：要对称地扭曲路径，可按下 Alt 键单击并拖动鼠标。

图 6-74　建立矩形 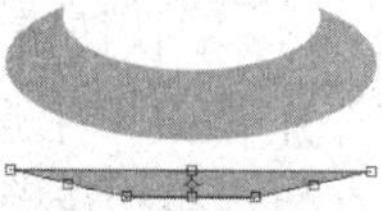　　图 6-75　透视效果

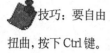技巧：要自由扭曲，按下 Ctrl 键。

图 6-76　变形效果

（3）选择直线工具，设置"从路径区域减去"方式，如图 6-77 所示。创建两条直线，如图 6-78 所示。

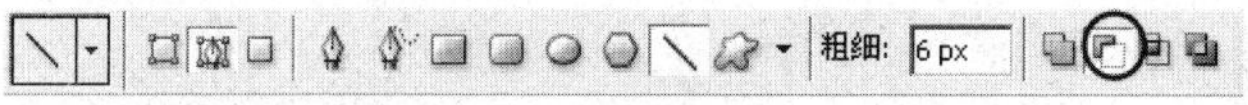

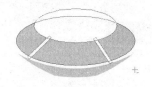

图 6-77　直线工具选项栏

（4）选择下面的图形，同样绘制两条相减的直线，效果如图 6-79 所示。

图 6-78　创建相减的两条直线 　　图 6-79　创建下面图形相减
两条直线

（5）选择椭圆工具，绘制圆形如图 6-80 所示。选择钢笔工具，在选项栏选择"从路径区域减去"，绘制相减路径如图 6-81 所示。

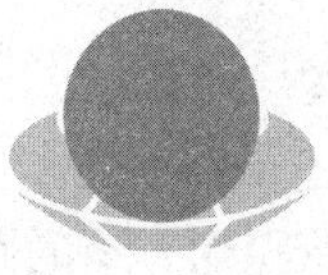

图 6-80　创建椭圆 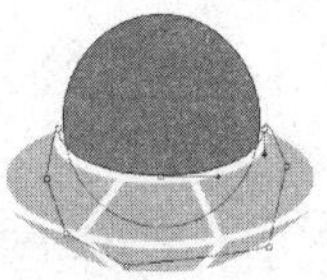　　图 6-81　相减截取圆形

（6）分别对路径各个部分进行填色，如图 6-82 所示。

图 6-82　UFO 飞碟效果

6.6　路径描绘

当使用钢笔工具或形状工具创建工作路径时，新路径将作为"工作路径"出现在"路径"调板中。"路径"调板列出每个存储路径、当前工作路径和当前图层剪贴路径的名称和缩览图像等。

路径的复制、拷贝、删除、与选区之间的转换、填充和描边等都可以在路径调板中进行。

技巧：要旋转路径，可以按某一弧度拖动限制框的边界。

技巧：要在执行变换命令前移动路径的中点，可以单击拖动中点。

作品内容：UFO 飞船。

《试题汇编》5.14 题使用此范例。

6.6.1 路径调板

工作路径是临时路径，要注意保存为存储路径。

执行"窗口"＞"路径"命令，显示路径调板，如图68所示。

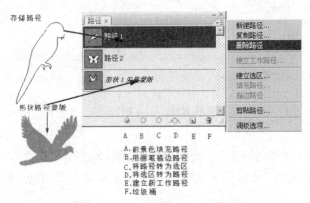

图 6-83　路径调板的三种路径

提示：在路径调板可以调整已存储"路径"顺序，不能更改矢量蒙版或工作路径的顺序。

● 管理路径：

当使用钢笔工具或形状工具创建路径时，新的路径作为"工作路径"出现在"路径"调板中。如果不想在工作路径上绘图，单击"新建路径"按钮即可。

当使用钢笔工具或形状工具创建新的形状图层时，新的路径作为图层矢量蒙版出现在"路径"调板中。

● 显示／隐藏路径：

如果要控制图像中路径，单击路径调板中相应名称显示路径；单击路径调板中的空白区域或按 Esc 键可隐藏路径。

● 存储工作路径：

将"工作路径"名称拖移到路径调板底部的"创建新路径"按钮上，或从路径调板菜单中选取"存储路径"，路径默认存储名称以路径标号显示在路径调板中。

● 删除路径：

在路径调板中选择路径／名称，将路径拖移到路径调板底部的"删除当前路径"按钮即可。

技巧：按住 Alt 键单击"路径"调板底部的"删除"图标，直接删除路径而无需确认。

6.6.2 路径转换

路径具有平滑的轮廓，因此可以将它们转换成精确的选区边框。通过使用直接选择工具进行微调，也可以将选区边框转换为路径。

可以通过填充或描边的方式为路径添加颜色。填充路径的过程与使用形状工具创建栅格化形状相同。

还可以使用图像剪贴路径定义放入其他版面设计应用程序的图像的透明区域。

1．路径转换为选区

闭合路径可以转换为选区。开放路径在转换为选区时，会自动在起点和终点间建立一条连线。

在"路径"调板中选择路径，单击路径调板底部的"将路径作为选区载入"按钮 。

按 Alt 键单击路径调板底部的"将路径作为选区载入"按钮 ◌，在弹出的对话框中可以设置转换选项，如图 6-84 所示。

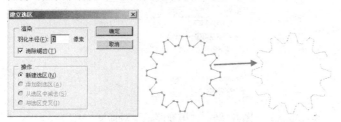

图 6-84　路径转换选区选项和将路径转为选区效果

* 羽化半径：定义羽化边缘在选区边框内外的伸展距离。
* 消除锯齿：在"羽化半径"设置为 0 时，在选区中的像素与周围像素之间创建精细的过渡。
* 操作：将路径转换为选区并与原来选区的运算方式。

2．选区转换为路径

选区也可以定义为路径。将选区转换为路径将消除选区的羽化效果。

建立选区，单击路径调板底部的"从选区生成工作路径"按钮 ◌。

按 Alt 键单击 ◌，可在出现对话框中设置选项，如图 6-85 所示。

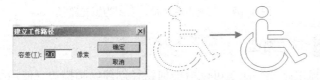

图 6-85　选区转换为路径选项和选区转换为路径效果

"容差"用于确定"建立工作路径"命令对选区形状微小变化的敏感程度。容差值的范围在 0.5 ～ 10 像素之间，容差值越高，用于绘制路径的锚点越少，路径也越平滑。如果路径用作剪贴路径，在打印图像时遇到问题，则可使用较高的容差值。

技巧：按住 Ctrl 键单击路径调板中的路径缩览图也可将路径转换为选区。

提示：任何闭合路径转为选区，可在当前选区进行添加、减去等结合操作。

6.6.3　填充路径

注意：当
填充路径时，要选
择当前图层。当图
层蒙版或文本图层
处于现用状态时无
法填充路径。

"填充路径"命令可用于指定的颜色、图像状态、图案等填充路径。填充之前所需图层要处于现用状态。但当前图层为图层矢量蒙版或文本图层时无法填充路径。

在"路径"调板中选择路径，单击路径调板底部的"填充路径"按钮。按住 Alt 键单击将弹出对话框设置选项，如图 6-86 所示。

图 6-86　"填充路径"对话框

● 羽化半径：定义羽化边缘在选区边框内外的伸展距离，以像素为单位。

● 消除锯齿：通过部分填充选区的边缘像素，在选区的像素和周围像素之间创建精细的过渡。

图 6-87 所示为路径填充效果。

图 6-87　左图为原路径，右图为填充路径

6.6.4　描边路径

注意：当
描边路径时，要选
择当前图层。当图
层蒙版或文本图层
处于现用状态时无
法描边路径。

"描边路径"命令可以沿任何路径创建绘画描边（使用绘画工具的当前设置），形成路径边框效果。开始之前所需图层一定要处于现用状态。

在打开"描边路径"对话框之前，必须指定绘画或修饰工具的设置。

按住 Alt 键单击 ◎ 将出现对话框，设置描边工具，如图 6-88 所示。

图 6-88　描边路径对话框

（1）按 Ctrl+T 快捷键将图像缩放调整，如图 6-89 所示。

图 6-89　缩放图像

（2）按住 Ctrl 键单击"图层 1"缩览图，将其转换为选区。在路径调板上单击"从选区生成工作路径" ◇ 按钮，将选区转换为路径。

（3）选择橡皮擦工具，绘画模式为铅笔，在画笔调板中设置直径为 10，间距为 130%。单击路径调板底部的"描边路径" ○ 按钮，效果如图 6-90 所示。

图 6-90　描边路径

（4）按住 Ctrl 键单击"图层 1"缩览图，将其转换为选区，选择矩形选框工具，按 Alt 键从中间减选，如图 6-91 所示。

练习目的：路径描边的方法。

素材来源：《试题汇编》第五单元素材 fair.jpg。

 注意：在
"路径"调板中选
择路径，单击路径
调板底部的"描边
路径"按钮 ○。每
次单击"描边路径"
按钮都会增加描边
的不透明度，在某
些情况下使描边看
起来更粗。

（5）按 D 键恢复为默认的前景色与背景色。按 Ctrl＋Delete
组合键将选区填充为白色，并取消选择，将背景颜色填充为黑色。
邮票效果如图 6-92 所示。

图 6-91　创建选区

图 6-92　邮票效果

6.7　样题解答

（1）打开素材文件夹下 Unit5\goblet.psd 素材，高脚酒杯图
形轮廓如图 6-93 所示。

（2）新建图层，用钢笔工具描绘内壁范围，然后填充渐变，
效果如图 6-94 所示。

图 6-93　酒杯外型轮廓

图 6-94　酒杯内壁描绘填充

（3）用钢笔工具勾画内壁的高光，填充颜色为（＃9BAEBC），
图层透明度设为 60%，效果如图 6-95 所示。

（4）勾画反光区域，用画笔喷枪喷涂，再勾画高光（可用图
层蒙版），透明度为 60%，效果如图 6-96 所示。

图 6-95　内壁画高光　　　　图 6-96　画高光

（5）再勾画其他的高光区，透明度一般都设为 60%。记得每勾画一个高光区就新建图层（可辅助添加图层蒙版），用画笔画出渐隐的效果，如图 6-97 所示。

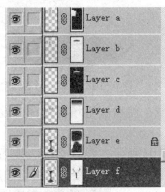 

图 6-97　用钢笔勾画高光

（6）然后对杯口进行描边，再加上底部的一些反光，只要改变每个层的透明度就可以了，效果如图 6-98 所示。

（7）勾画杯脚的亮光，同样填充渐变或添加图层蒙版，渐隐效果如图 6-99 所示。

图 6-98　画酒杯的杯口　　　图 6-99　渐隐效果

（8）继续勾画高脚杯座的高光，将这层复制 2 次，分别使用模糊工具涂抹，效果如图 6-100 所示。

（9）继续勾画，改变每层的透明度达到需要的效果，如图 6-101 所示。

图 6-100　画酒杯脚高光　　　　图 6-101　杯脚透明度调整

（10）勾画杯底的反光区域，使用画笔填充涂抹，效果如图 6-102 所示。

（11）高脚杯效果如图 6-103 所示，没什么高级技巧，关键是手绘和每层透明度的变化，在必要时填充渐变或为图层添加蒙版。

图 6-102　杯底反光　　　　图 6-103　高脚杯效果

第7章 图层效果

图层是Photoshop的重要内容，要对其熟练掌握，以后会发现很多效果的实现都离不开它们。

为减少不必要的工作量，制作图像时把多个图像重叠放置一起，这样单独编辑每个独立单元可不影响其他部分，这意味着可以任意试用不同的图形、类型、不透明度和混合模式等操作，直至输出前合并。例如，可以将一些照片或照片图素存储在几个单独的图层上，然后将其组合成一个复合图像。可以将图层想象成是一张张叠起来的醋酸纸。如果图层上没有图像（即图层透明之处），可以一直看到底下的图层。一个文件中的所有图层都具有相同的分辨率、相同的通道数以及相同的图像模式（RGB、CMYK或灰度）。

Photoshop还支持调整图层和填充图层，可以使用蒙版、图层剪贴路径和图层样式，将复杂效果应用于图层。

本章主要技能考核点：

- 新建／复制／剪切创建新图层；
- 投影／发光／斜面和浮雕／光泽／叠加／描边样式效果；
- 矢量／剪切／图层蒙版；
- 填充／调整图层；
- 智能对象／视频层／3d层；
- 图层排列／对齐／分布／链接／编组；
- 图层合并／拼合。

✓评分细则：

本章有3个基本点，每题考核3个基本点，每题15分。

序号	评分点	分值	得分条件	判分要求
1	创建图层	5	按照要求创建图层	图层调板保留相应图层
2	图层效果	6	按照要求制作图层效果	效果不符合要求不给分
3	图层编辑	4	按照要求修饰效果	允许一定的创意发挥

本章导读

如上所述，我们明确了本章所要求掌握的技能考核点以及对应《试题汇编》单元的评分点、得分条件和判分要求等。下面我们先在"样题示例"中展示《试题汇编》中一道关于制作水珠效果的真实试题，并在"样题分析"中对如何解答这道试题进行分析，然后通过一些案例来详细讲解本章中涉及到的技能考核点，最后通过"样题解答"来讲解"制作水珠效果"这道试题的详细操作步骤。

7.1 样题示例

样题示范

练习目的：从《试题汇编》第六单元中选取的样题，由此观察体会本章题目类型，了解本章对学习内容的要求。

素材来源：《试题汇编》第六单元素材 drop.jpg。

作品内容：随机创建选区，应用图层样式制作透明的水珠效果，形成作品的背景。

> **操作要求**

制作水珠效果，如图 7-1 所示。

图 7-1　效果图

打开素材文件夹下 Unit6\drop.jpg 素材，渐变背景如图 7-2 所示。

（1）创建图层：创建随机分布选区图层（不要求与效果图完全一致）。

（2）图层效果：制作斜面和浮雕样式水滴效果。

（3）图层编辑：添加投影和内阴影效果。

将最终结果以 X6-20.psd 为文件名保存在考生文件夹中。

图 7-2　渐变背景

7.2 样题分析

本题是关于图层效果的题目，是学习 Photoshop 的重要内容。

首先使用"快速蒙版工具"随机涂抹建立水滴选区，分布于整个背景，通过使用剪切或拷贝创建新图层。

然后是使用"斜面和浮雕"图层样式命令建立水滴的立体效果。

最后使用"投影和内阴影"等样式命令形成水滴的明暗区域。

解题和创作思路，所使用的技能要点。

由解题思路可以看出，从创建图层到斜面和浮雕、投影、内阴影等图层样式命令，形成图层立体化物体的基本过程。

图层样式是图层的重点内容，各项设置参数较为繁杂也是掌握的难点，需要反复练习领会其中含义。

作品从创建对象到图层特效编辑，形成图案或纹理背景的制作过程，为将来完整作品主题表现做好准备。

7.3　图层

为减少工作量，制作图像时把多个图像重叠放置，可以将图层想象成是一张张叠起来的"醋酸纸"。如果图层上没有图像（即图层透明之处），可以一直看到底下的图层，如图 7-3 所示。

图 7-3　透过图层上透明区域可以看到下面的图层

Photoshop 支持正常图层和文本图层、调整图层和填充图层、图层蒙版、图层剪贴路径和图层样式等。单独编辑每个独立单元而不影响其他部分，这样就可以任意试用图形、类型、不透明度和混合模式等创建复杂效果。

一个文件中的所有图层都具有相同的分辨率、相同的通道数以及相同的图像模式（RGB、CMYK 或灰度）。

多个相同类别图层可以组成图层组，有利于组织和管理连续图层。可以将图层组展开或折叠起来，可以像处理图层一样查看、选择、复制、移动或更改图层组中图层的堆叠顺序，还可以将蒙版应用于图层组。

7.3.1　图层调板

Photoshop 中对图层的操作主要是通过图层调板。

图层调板是操作和管理图层的主要途径，在图层调板中可以进行观察、创建、复制、删除、合并图层、特效等操作。

1. 图层调板

执行"窗口" > "图层"命令，或单击"图层"调板选项卡，图层调板如图 7-4 所示。

提示：可以使用图层来执行多种任务，如复合多个图像、向图像添加文本或添加矢量图形形状。可以应用图层样式来添加特殊效果，如投影或发光。

提示：有时可以对图层进行非破坏性工作，例如，调整图层影响颜色或色调，但保持下层像素不变。智能对象可以变换（缩放、斜切或整形）智能对象等编辑，也可以包含智能滤镜效果，在对图像应用滤镜时不造成任何破坏，以便以后能够调整或移去滤镜效果。

混和模式

不透明度

锁定选项

可视性

图层编组

缩览图

图层蒙版

剪贴蒙版

文字图层

调整图层

背景图层

调板菜单

不透明度

图层填充

图层链接

图层效果

图层锁定

图层链接　图层样式　图层蒙版　图层调整　新建图层　删除图层

图 7-4　图层调板

提示：关闭缩览图可以提高性能和节省屏幕显示空间。

  "图层"调板从顶层开始按照顺序列出图像中所有图层和图层组内容缩览图和名称，在进行编辑时缩览图随时更新。

  在多个图层状态下，进行编辑工作时需选定现用工作图层（亮蓝色显示，例如 T 图层 1），并使其成为可见的。同时还要锁定其他图层保护，避免被修改。当移动或变换现用工作图层时，同时影响链接图层。

  图层调板：

- 混合模式：用来控制当前层与其下面图层的混合方式。
- 锁定选项：主要有锁定透明像素、绘画像素和位置等。
- 可视性：单击将会隐藏图层，再次单击将会重现。
- 图层编组：管理类同图层成组以文件夹的形式显示。
- 图层缩览图：图层上图像缩览图。
- 图层蒙版（填充图层）：前面显示图层用纯色、渐变或图案填充的缩览图，后面是图层蒙版缩览图。
- 剪贴蒙版：与下一层形成剪贴组，基底层图层名称下有一条下划线。
- 文字图层：在图层调板中以"T"显示，矢量图形属性。
- 调整图层：前面调整命令缩览图，后面指示图层蒙版缩览图。
- 背景图层：在所有图层的最下面，一般为锁定状态。

执行下列操作之一可以打开组：

(1) 单击文件夹图标左边的三角形。

(2) 按住 Alt 键单击文件夹三角形，打开或关闭一个组以及嵌套在其中的组。

● 图层调板：单击此按钮会显示图层弹出式菜单。

● 不透明度：指定当前图层对象的不透明度。

● 填充：调整数值可改变填充或调整图层的透明度。

● 图层链接：指示此图层与当前层链接，图层与作用图层链接在一起，同时进行移动、旋转和变换。

● 图层效果：显示该图层使用哪些效果样式，可再次编辑。

● 图层锁定：以实心锁的形式显示，图层全部被锁定，包括透明像素、绘画像素和位置。以空心锁的形式显示，表明只锁定透明像素、绘画像素或位置中的一个或两个选项。

图层调板底部图标：

● 创建图层链接：单击可链接当前图层。

● 创建图层效果：单击可设定图层的混合选项和效果样式。

● 创建图层蒙版：单击可以创建图层蒙版。

● 创建填充和调整层：单击可以创建填充层和调整层。

● 创建图层组：单击可以创建图层组。

● 创建新图层：单击可以在当前图层上方建立新图层。

● 删除图层：单击可删除当前图层。

当前现用图层呈高亮蓝色显示，表示当前编辑图层，但不是在蒙版上操作，如果需要编辑蒙版需选择蒙版缩略图。

2．图层操作

对图层进行操作，除了用通过图层调板操作，也可以通过"图层"菜单命令来完成，使用"图层"菜单命令可以创建、隐藏、显示、复制、合并、链接、锁定和删除图层一般操作。使用"图层"菜单可将蒙版和剪贴路径应用于图层，还可以进行将图层样式应用于图层、创建调整图层或填充图层、将剪贴组用作图层组蒙版等与调板相似的操作。

● 图层选择：Photoshop 对图像的更改只对当前层发生作用。选择的当前层在当前图像窗口的标题栏中显示图层名称，而且当前层在图层调板中以高亮蓝显示。直接在图层调板中单击图层，或者使用移动工具时，在选项栏选择"自动选择图层"，直接在对应的图像上单击；也可以在图像上单击右键，在弹出的快捷菜单中选择相对应的图层名称。

● 显示或隐藏图层：单击或拖动图层调板前面眼睛图标👁，可以显示／隐藏某个图层或一些图层。按住 Alt 键单击当前层调板的眼睛图标👁，可以显示／隐藏除当前层外的所有图层。

● 排列图层：用排列图层可以轻松地更改图层在图像的前后顺序，在图层调板上用鼠标拖动图层到对应位置即可。

 提示：在"图层"调板中，双击图层名称或组名称，重命名图层或组名称。

 提示：选择一个图层或组，并从"图层"菜单或"图层"调板菜单中选取"图层属性"或"组属性"，修改颜色对图层和组进行快速识别。

提示：选择链接图层，选取"图层"＞"选择链接图层"，然后可删除链接图层。

● 创建新图层：单击调板底部"创建新图层"按钮 直接创建默认新空白透明图层。

● 链接图层创建为新图层组：执行"图层"＞"新建"＞"从图层建立组"命令，可自动将链接图层生成一个图层组，并把处于链接状态的图层放入图层组内。

● 将选区转换为新图层：建立选区，执行"图层"＞"新建"＞"通过拷贝的图层"命令，将选区拷贝成新图层，原图层内容保持不变。执行"图层"＞"新建"＞"通过剪切的图层"命令，剪切选区并将其粘贴成新图层，原图层部分剪切。

● 将背景层转换为图层：如果当前没有背景图层，在图层调板上选择图层，执行"图层"＞"新建"＞"背景图层"命令，可把当前图层转换为背景图层。

● 复制图层：选择图层，执行"图层"＞"复制图层"命令，可以在同一图像中复制任何图层（包括背景）或图层组。

● 删除图层：在图层调板中，选择图层单击或拖至"删除图层"按钮 ，可将该图层删除。执行"图层"＞"删除"命令，也可以将当前图层、图层组、链接图层、隐藏图层删除。

提示：白色或彩色背景新图像，最下面是背景图层。一幅图像只能有一个背景图层。不能更改背景图层的堆栈顺序、混合模式或不透明度。但可以将背景转换为常规图层，即可更改这些属性。

7.3.2 图层操作

选择、显示、排列和锁定、不透明度、混和模式等是处理图层的基础操作，可以通过图层调板快速完成。

（1）在图层中的背景图层，是一种不透明的图层，用于做图像的背景。背景图层不能应用混合模式、不能移动次序等，如图7-5 所示。

图 7-5　素材图

（2）双击"背景"图层，打开"新建图层"对话框，可以更改图层的名称和图层调板的颜色显示。将背景层转化为普通图层，就可以设置图层混合模式和不透明度等操作，如图7-6 所示。

图 7-6　转换图层对话框与图层调板

（3）选择"图层 0"，将其拖移到"复制图层"按钮 □上，将"图层 0"复制为"图层 0 副本"，用矩形选框工具在花朵的上面建立选区，如图 7-7 所示。

图 7-7　复制图层并建立选区

（4）执行"图层">"新建">"通过拷贝的图层"命令（或按 Ctrl+J 快捷键），将选区拷贝到新"图层 1"中，双击"图层 1"字符，重新命名为"花上"。

在 Photoshop 中，如果一个图像中包含多个图层，可以打开或关闭某一图层图像。单击图层调板中"图层 0"和"图层 0 副本"前眼睛图标 ❂，将两图层隐藏，如图 7-8 所示。

图 7-8　隐藏图层

（5）复制图层"花上"，双击名称并重新命名为"花下"，执行"编辑">"转换">"垂直翻转"命令，对"花下"的图层进行垂直翻转变换，用移动工具向下移动，使其拼接，如图 7-9 所示。

 提示：不能将常规图层重命名为"背景"来创建背景，而必须使用"图层背景"命令。

 提示：选取"图层">"新建">"通过拷贝的图层"/"通过剪切的图层"新建图层命令，如有智能对象或形状图层，需栅格化才能启用这些命令。

提示：按住
Alt 键单击当前图
层前眼睛图标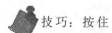，
可以显示／隐藏
除当前层外的所有
图层。

 提示：打
印只作用于可见
图层。

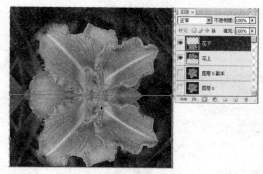

图 7-9　拼接两图层

（6）执行"图层"＞"向下合并"命令，将"花下"和"花上"两图层合并成一个图层，再用矩形选框工具建立选区，如图7-10所示。

图 7-10　建立选区

（7）执行"图层"＞"新建"＞"通过剪切的图层"命令（或按 Ctrl+Shift+J 快捷键），将选区剪切转换为新图层为"花左"。复制"花左"图层并重命名为"花右"，按照第（5）步的方法，拼接左右两侧花朵，只不过这里是对复制图层进行水平翻转，效果如图 7-11 所示。

技巧：按住
Ctrl 键在图层调
板上单击缩览图即
可将图层转换为
选区。

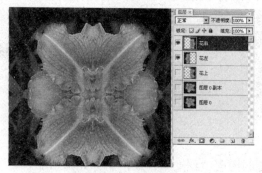

图 7-11　拼接花朵

（8）按 Ctrl+E 快捷键，将两图层合并。打开"图层复合"调板，如图 7-12 所示。单击"图层复合"调板下方的"新建"按钮，

技巧：按住
Ctrl+Shift 组合键
单击其他图层缩览
图可增加选区。

打开"新建图层复合"对话框，选择全部选项，如图 7-13 所示，单击"确定"按钮。

图层复合就是将图层的位置、透明度、样式等布局信息存储起来，以后可以随时通过简单的切换来比较几种设计效果。

图 7-12 图层复合调板

图 7-13 新建图层复合

技巧：按住 Ctrl+Alt 组合键单击其他图层缩览图可减少选区。

（9）隐藏"花左"图层。显示"花上"层，依次进行以上的步骤，复制、左右花朵进行拼接。单击"图层复合"调板下方的"新建" 按钮，建立"图层复合 2"，如图 7-14 所示。

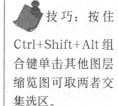

技巧：按住 Ctrl+Shift+Alt 组合键单击其他图层缩览图可取两者交集选区。

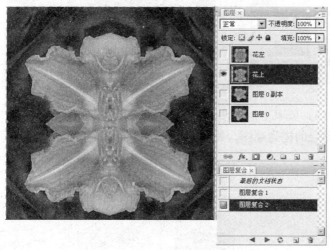

图 7-14 新建复合图层

图层复合中的内容会随着图像一起保存。下次打开图像后"图层复合"选项还可以继续使用。按照这个思路，在设计时可以事先存储多个布局供客户挑选，而不必手忙脚乱地调来调去。当然，附带图层复合信息将会增加保存文件量。

7.3.3 链接、对齐和分布图层

对齐图层首先需要将其进行链接。通过链接图层将可以做到：移动对齐与图层、对齐与分布图层、锁定图层、应用变换、合并图层、锁定图层、创建图层组、剪贴组、栅格化图层等。

（1）选择移动工具，按 Ctrl 键，分别单击图像文件中左边的三个图层，单击链接 按钮将其链接。

（2）在移动工具选项栏中，设置对齐选项为"居中对齐" ，

技巧：要选择多个不连续的图层，按住 Ctrl 键，并在"图层"调板中单击这些图层。

技巧：要临时停用链接的图层，可按住 Shift 键并单击链接图层的链接图标，将出现一个红 ×。按住 Shift 键单击链接图标可再次启用链接。

《试题汇编》6.19 题照片使用到图层链接对齐。

分布链接选项中为"垂直分布"，将选择图层居中对齐、垂直分布，如图 7-15 所示。

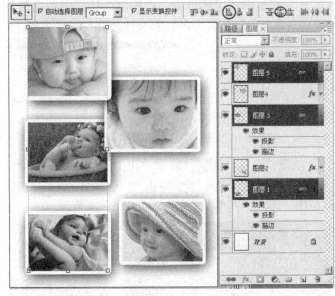

图 7-15　图层居中对齐、垂直分布

（3）依照上面的步骤，将右边两幅图像同样进行链接对齐，调整图层的排列顺序，如图 7-16 所示。

图 7-16　图层排序

提示：不要选择调整图层、矢量图层或智能对象，它们不包含对齐所需的信息。

对齐图层：

● 链接图层：Photoshop 为链接图层时同时操作多个图层提供了方便：按下 Ctrl 键选择多个图层，单击调板底部的链接按钮即可。或者选择多个图层，执行"图层" > "链接图层"命令。选择链接图层。再次单击调板链接按钮，或者执行"图层" > "取消图层链接"命令，将取消图层链接。

● 将图层与选区对齐：如果当前选择图层包括选区，则可以设置图层内容与选区对齐。执行"图层">"与选区对齐"子命令。或选择移动工具 ，在选项栏设置对齐选项。

● 将图层内容之间对齐与分布：首先链接需要对齐或分布的图层。执行"图层">"对齐链接图层"或"分布链接图层"，或使用移动工具 时设置选项栏的对齐与分布命令，如图7-17所示。

图 7-17　移动工具对齐、分布选项栏

7.3.4　合并图层

图层的多少将是影响 Photoshop 文件大小的因素之一。图层越多，文件相比较就越大；相反图层越少，文件也就越小。最终打印文件要把所有的图层全部合并为一个图层，这样可以减小文件的大小，从而加快打印速度。这样就要求选择部分图层拼合或者全部拼合。从"图层"菜单或图层调板菜单中选取"拼合图层"，拼合图层将会扔掉隐藏的图层，最终结果生成一个背景层。

合并图层命令：

● 合并图层组：选择图层组，从"图层"菜单或图层调板菜单中选取"合并组"。

● 合并剪贴组：选择基底层，从"图层"菜单或图层调板菜单中选取"合并组"。

● 向下合并：从"图层"菜单或图层调板菜单中选取"向下合并"。此命令将当前层与其下面的图层合并。

● 合并可见链接图层：将需要合并的图层进行链接。从"图层"菜单或图层调板菜单中选取"合并链接图层"。

● 合并可见图层：确保要合并的图层可见。从"图层"菜单或图层调板菜单中选取"合并可见图层"，或按 Ctrl+Shift+E 组合键。如果在包含背景层的所有可见图层的情况下，将最终合成一个背景层；如果没有背景层，最终将合并成一个普通层。

● 拼合图层：从"图层"菜单或图层调板菜单中选取"拼合图层"。拼合图层将会扔掉隐藏的图层，最终结果生成一个背景层。

提示：不能将调整图层或填充图层用作合并的目标图层。

提示：在存储合并的文档后，将不能恢复到未合并时的状态；图层的合并是永久行为。

注意：合并图层组、合并剪贴组、向下合并、合并可见链接图层的快捷键都是 Ctrl+E 组合键。

7.4　填充或调整图层

前面第 3 章已经学习了"图像">"调整"菜单，里面包含各种图像色彩／色调调整命令，图像校正命令直接应用更改了图像像素，而调整图层像透明膜蒙盖（蒙版）在图像上方产生相同的效果，但下方的图像像素保持不被修改，图像可透过该图层显示出来。

调整图层就是蒙版与调整命令两者结合，可像调整命令一样调整蒙版，将效果"模拟"应用于图像图层，大大增强了图层调整方便性，可快速试用各种效果，并且保护原图像图层不变，还可以进行复制、变换等各种操作。

提示：调整图层选项与"图像">"调整"菜单上的命令相匹配。

填充图层与调整图层原理是一样的，可以使用实色、渐变或图案填充，同样对于下面的图层进行保护不修改。

默认情况下，填充和调整图层自动添加图层蒙版，在图层调板内由图层缩览图和蒙版缩览图表示。填充和调整图层可以快速地编辑，或更换填充和调整类型。

如果使用工作路径创建调整或填充图层时，将是通过图层剪贴路径而不是图层蒙版。

素材来源：《试题汇编》第六单元素材 girl.jpg 和 windows.jpg。

（1）使用快速选择工具创建图像窗户选区，如图 7-18 所示。

图 7-18　创建窗户选区

（2）切换到其他选择工具（例如矩形选框工具）将选区移入另一幅图像内，位置如图 7-19 所示。

技巧：若将填充或调整图层限制到一定范围内，需先建立选区或闭合路径，如本例。

图 7-19　将选区移入另一幅图像

（3）在图层调板单击"创建新的填充或调整图层" 按钮，选择色阶，如图 7-20 所示。

图 7-20　创建色阶调整图层

（4）在图层调板出现调整色阶图层，并且打开色阶对话框，调整亮区白色滑块，加亮选区内的图像，如图 7-21 所示。

图 7-21　调整色阶图层

（5）如果有兴趣可进一步模糊调整图层的蒙版边缘、调整不透明度效果，如图 7-22 所示。

提示：要将调整图层的效果限制在一组图层内，需创建由这些图层组成的剪贴蒙版。可以将调整图层放到此剪贴蒙版内，或放到它的基底上。所产生的调整将被限制在该组中的图层内。

提示：使用选区时，创建的填充和调整图层由图层蒙版限制。

《试题汇编》6.8
题图像效果使用此
范例。

练习目的：掌握调
整图层的使用　方
法。

提示："反相"
调整图层没有相关
设置。

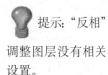提示：向图
层添加蒙版，隐藏
部分图层并显示下
面的图层。蒙版图
层是一项重要的复
合技术，可用于将
多张照片组合成单
个图像，也可用于
局部的颜色和色调
校正。

图 7-22　最终效果

填充图层和调整图层命令：

● 创建填充层：执行"图层"＞"新建填充图层"命令，从
子菜单中选取类型；或者单击图层调板底部的"创建新的填充或调
整图层"按钮，在弹出菜单中选择"纯色""渐变"或"图案"
填充层类型。

● 纯色填充层：选择"纯色"，在弹出 Adobe 拾色器中选择
一种颜色，在当前层上将会以此颜色填充。

● 渐变填充层：选择"渐变"，在弹出的渐变填充对话框中
选择合适的渐变类型，将会在当前层的上方出现渐变填充。

● 图案填充层：选择"图案"，在弹出的图案填充对话框中
选择一种图案后，在当前层的上方将会以此图案填充。

● 创建调整层：执行"图层"＞"新建调整图层"命令，从
子菜单中选取选项；或者在图层调板底部单击"创建新调整层"按
钮，在弹出菜单中选择相应的图像调整命令。

● 编辑或更改调整层：执行"图层"＞"图层内容选项"命
令；或者在图层调板中双击左图层缩览图，然后进行编辑。执行"图
层"＞"更改图层内容"命令，从列表中选择另一个调整图层命令。

7.5　图层蒙版

创建图层蒙版以控制如何隐藏和显示图层或图层组中的不同区
域。通过更改图层蒙版，可以将大量特殊效果应用于图层，而不会
实际影响该图层上的像素。当然也可以应用蒙版效果改变像素，便
修改成为永久性的，或删除蒙版放弃所受的效果。

前面已经学习过两种类型的蒙版：一种图层蒙版，是位图点阵
图像，与分辨率相关，由绘画或选择工具创建，例如"编辑"＞"贴
入"命令；另一种是矢量蒙版，与分辨率无关，由钢笔或形状工具

创建，例如前面章节学习的形状图层。

还有一种就是使用一个图像作为另外一个图像的蒙版（剪贴对象）进行组合——剪贴蒙版。

在图层调板中，图层蒙版和矢量蒙版都显示在图层缩览图的右边作为附加缩览图。对于点阵像素图层蒙版，此缩览图代表添加图层蒙版时创建的灰度通道。矢量蒙版缩览图代表从图层内容中剪下来的路径。

7.5.1　图层蒙版

可以使用图层蒙版遮蔽整个图层或图层组，或者只遮蔽部分。图层蒙版是灰度图像，黑色区域将会遮盖，白色内容将会显露，而灰色将转换为不同级别透明度显示。

利用这个原理也可以编辑图层蒙版，使用绘画工具向蒙版区域中涂抹黑色或涂抹白色，达到编辑遮盖部分区域的效果。

（1）如图 7-23 所示，准备将一幅狮子图像和人物图像进行合成，将狮子脸部换为人物脸部。

素材来源：《试题汇编》第六单元素材 lion.jpg、face.jpg 素材。

图 7-23　素材图

（2）用移动工具将人物图像移到狮子图像中，单击图层调板底部的"新建图层蒙版" 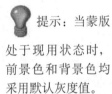 按钮，创建图层蒙版，如图 7-24 所示。

提示：当蒙版处于现用状态时，前景色和背景色均采用默认灰度值。

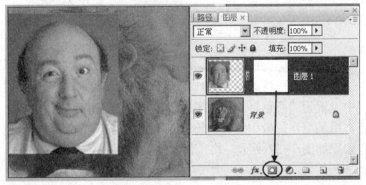

图 7-24　建立图层蒙版

技巧：按住
Alt 键，单击图层
蒙版缩览图查看灰
度蒙版，同样再次
单击重新显示图
层。

技巧：按住
Alt+Shift组合键，
单击图层蒙版缩览
图，使用蒙版时红
色表示蒙版，同样
再单击关闭显示。

（3）选择绘画工具，使用黑色涂抹人物脸部以外要去除的区域，露出狮子被遮盖的区域。在蒙版上填充黑色区便被遮住，白色区显露出来，在蒙版上用画笔工具将人物的脸部周边涂抹，如图 7-25 所示，也可以使用灰色涂抹脸部的边缘区域，便于两者有机融合。

图 7-25　修饰图层蒙版

由此例可以看出蒙版与"编辑"＞"贴入"（选择人物，执行"编辑"＞"拷贝"命令，再建立狮子脸部选区，执行"编辑"＞"贴入"）原理是相同的。采用蒙版绘制灰色过渡可以更好地使两幅图像融合，而选区使用羽化也可达到相同的效果。

如果删除应用蒙版，可将光标定位在图层调板的蒙版缩略图上，将"图层 1"拖移到图层调板底部的"删除图层" 按钮上，打开如图 7-26 所示的对话框，单击"应用"按钮。

提示：当删
除某个图层蒙版
时，无法将此图层
蒙版永久应用于智
能对象图层。

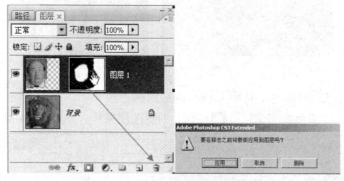

图 7-26　移除图层蒙版

如果有兴趣可继续以下操作：选择"画笔工具"，在选项栏"模式"中设置为"颜色"，在图层调板中，单击"锁定透明像素" 按钮，用画笔在图像中的人物脸部涂抹，使狮身人面像色调一致，最终效果如图 7-27 所示。

练习目的：掌握图
层蒙版的使用 方
法。

图 7-27　狮身人面像效果

作品内容：狮身人面像。

《试题汇编》6.13 题狮身人面使用此范例。

常用绘画工具都可以用来编辑蒙版，如果大家有兴趣，可尝试图 7-28 两幅素材的融合，渐变蒙版效果如图 7-29 所示。

图 7-28　素材图

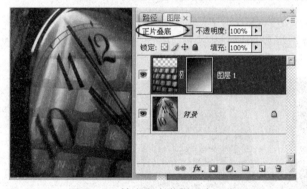

图 7-29　填充渐变蒙版融合图像

技巧：也可将一幅图像拷贝选区粘贴到图层蒙版中：按住 Alt 键单击"图层"调板中的图层蒙版缩览图以选择并显示蒙版通道。选取"编辑">"粘贴"，然后选取"选择">"取消选择"，选区将转换为灰度并添加到蒙版中。

7.5.2　矢量蒙版

在学习形状和钢笔工具时，使用"形状图层"绘图方式就是矢量蒙版。矢量蒙版可在图层上创建边缘清晰分明的设计元素，可以给该图层应用一个或多个图层样式，快速制作各种效果（样式）。

1．矢量蒙版

（1）使用"钢笔工具"勾画牛奶玻璃杯路径，使用"路径选

练习目的：掌握矢量蒙版的使用方法。

素材来源：《试题汇编》第六单元素材 cocoa.psd 素材。

 提示：要使用形状工具创建路径，需单击形状工具选项栏中的"路径"选项。

作品内容：制作可可豆杯子形状。

《试题汇编》6.17 题可可杯使用此范例。

择工具"将路径平移至右侧，如图 7-30 所示。

图 7-30　绘制杯子路径、平移

（2）移入另一幅图像，如图 7-31 所示。在路径调板选择"路径 1"。

图 7-31　移入新图像，选择路径

（3）选择新图层"图层 1"，执行"图层">"矢量图层蒙版">"当前路径"命令，创建矢量图层蒙版，效果如图 7-32 所示。

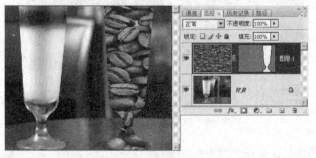

图 7-32　创建矢量蒙版

单击图层调板中的矢量蒙版缩略图或路径调板中的缩览图，可以使用形状、钢笔工具更改形状，或者用"直接选择工具"等编辑路径形状。

2．栅格化

滤镜效果和绘画工具等一些操作不能应用于"文字""形状""填

充内容""矢量蒙版"和"智能对象"等矢量图层，在应用之前需要简化为平面的栅格化为像素图像。

蒙版是只包含灰色值的调整图层，不会明显增加文件大小，因此没有必要为节省文件空间而合并这些调整图层。

可以转换来自文字图层、形状、填充图层、链接图层、矢量蒙版、智能对象、当前图层或全部图层的数据。

（1）选择要栅格化的图层。

（2）执行"图层"＞"栅格化"＞"文字"/"形状"/"填充内容"/"矢量蒙版"/"图层"和"链接图层"命令即可。

由此可以看出，"普通图层蒙版"是由绘画工具涂绘蒙版，而矢量蒙版是由路径来控制蒙版区域，只不过控制蒙版使用的手段（载体）不一样而已。

那么是否可以直接使用一个图像作为另一图像的蒙版呢，回答是肯定的，请学习下一节——图层剪贴蒙版。

7.5.3　图层剪贴蒙版

在剪贴蒙版组中，底部图层（或称基底层）充当整个组的蒙版。例如一个图层可能有某种形状，覆在上面的图层上可能有纹理。如果将两个图层定义为剪贴蒙版，则纹理以基底层上的形状显示，并采用基底图层的不透明度。如果成功剪贴蒙版，图层调板内基底缩略图层名称带下划线表示，上面纹理图层缩略图则将以箭头表示。

（1）准备背景：一幅素材如图 7-33 所示。新建"图层 1"填充为黑色（准备作为背景）。新建图层组"组 1"，在"组 1"中，新建图层 3，建立矩形选区，填充为白色，将其旋转一定的角度（准备作为图片白边）。

图 7-33　准备背景

（2）准备剪贴图层：复制图层 3 为图层 4，对图层 4 进行缩放，填充为黑色（准备作为剪贴图形）。复制背景图层为"背景副本"（剪贴图像），放置于"组 1"中的"图层 4"之上。

（3）剪贴图层蒙版：按 Alt 键，在图层调板中将光标放置于"图

注意：将矢量蒙版栅格化后，将无法再将其更改回矢量对象。

注意：可以在剪贴蒙版中使用多个图层，但它们必须是连续的图层。

练习目的：学习使用剪贴蒙版。

素材来源：《试题汇编》第六单元素材 groupphoto.jpg 素材。

层 4"与"背景副本"图层分隔线上（光标变成两个交叉的圆 ），单击形成"剪贴蒙版"，如图 7-34 所示。

 提示：如果在剪贴蒙版中的图层之间创建新图层，或在剪贴蒙版中的图层之间拖动未剪贴的图层，该图层将成为剪贴蒙版的一部分。

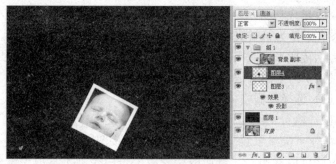

图 7-34　剪贴蒙版效果

（3）复制剪贴效果：复制"组 1"为"组 2"，将"图 3 副本"和"图层 4 副本"链接，执行自由变换命令，移动位置和旋转角度，产生其他位置的照片效果如图 7-35 所示。

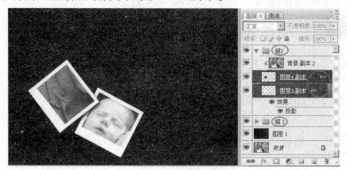

图 7-35　复制剪贴图层组

提示：剪贴蒙版中图层将继承基底图层的不透明度和模式属性。

（4）依次重复第（3）步，做出多张照片拼贴的效果，如图 7-36 所示。

作品内容：艺术照片。

《试题汇编》6.10 使用此范例。

图 7-36　多张照片拼贴的效果

如果要取消剪贴图层蒙版，按住 Alt 键，将光标放在图层调板中两组图层的分隔线上（光标变成两个交叉的圆 ），然后单击释放剪贴蒙版。

7.6　图层样式

图层样式是最具有魅力的功能之一，它无需许多命令和设置就能够直接产生许多神奇的特效，是 Photoshop 的重要内容。

图层样式调板使用起来简单快速。样式命令选项可编辑调整，并且还可对图层效果进行复制，直接应用到其他图层。

当图层施加效果之后，在图层调板的该图层名称出现图层样式图标。单击显示图层效果按钮 可以展开或折叠图层调板中的图层效果。

右键菜单内或单击图层调板"效果"字符前的眼睛图标 可以在图像或图层调板中启用或停用效果。

图层样式由投影、内阴影、外发光和内发光、斜面和浮雕、光泽、颜色叠加、渐变叠加和图案叠加、描边等一个或多个效果组合而成。

7.6.1　图层样式应用

在图层调板中双击图层缩览图，可直接进入图层样式对话框，进行图层效果设置。

（1）用椭圆形状工具建立一个正圆，单击图层调板底部"图层样式"按钮，从列表中选取外发光，设置如图 7-37 所示。选择描边，设置如图 7-38 所示。应用图层样式效果如图 7-39 所示。

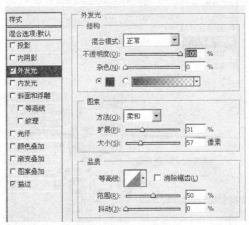

图 7-37　外发光对话框

提示：不能将图层样式应用于背景图层、锁定的图层或组。要将图层样式应用于背景图层，请先将该图层转换为常规图层。

打开图层样式：

双击该图层（在图层名称或缩览图的外部）。

单击"图层"调板底部的"图层样式"按钮 ，并从列表中选取效果。

从"样式"＞"图层样式"子菜单中选取效果。

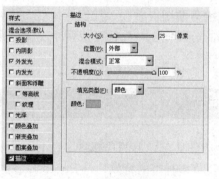

图 7-38 "描边"对话框

 提示：在"图层样式"对话框，单击复选框可应用当前设置，而不显示效果的选项。单击效果名称可显示效果选项。

图 7-39 应用图层样式效果

（2）用圆角矩形工具创建一个长圆角长方形，双击该图层，打开图层样式对话框，选择"渐变叠加"，设置渐变类型，设置及效果如图 7-40 所示。

练习目的：学习图层效果的使用方法。

作品内容：金属标志。

《试题汇编》6.15 题使用此范例。

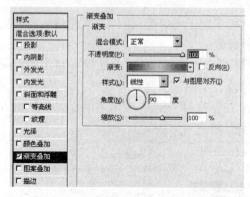

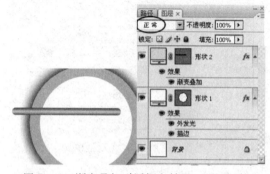

 提示：单击对话框左侧的效果名称以显示效果选项，可以在不关闭"图层样式"对话框的情况下编辑多种效果。

图 7-40 渐变叠加对话框和效果、图层调板

（3）复制"图层 1"并进行调整排列，效果如图 7-41 所示，
将复制的图层进行合并。

图 7-41　多个圆角长方形排列

（4）用椭圆形状工具创建一个正圆，给图层添加"斜面与浮
雕""叠加渐变""描边"等图层样式，设置与效果如图 7-42 所示。

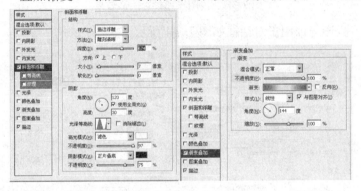

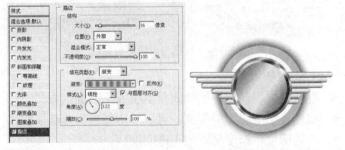

图 7-42　斜面与浮雕、叠加渐变、描边对话框和效果

7.6.2　投影和内阴影

阴影制作是最为常用的，无论是文字、边框、物体都可通过
快速添加阴影产生层次立体感，为图像增色。在报刊杂志、海报上，
经常会看到拥有阴影效果的文字。

在图层样式中有两种阴影效果，分别为投影和内阴影效果，
这两种阴影效果的区别在于：投影是在图层对象背后产生阴影，

提示：通过
"样式"调板，可
以将制作的图层
效果创建为自定
样式并将其存储
为预设。

提示：图层
效果与图层内容
链接，移动或编辑
图层的内容时，修
改的内容中会应
用相同的效果。

而内阴影则是在图层边缘内部产生阴影。投影将阴影应用到目标图层下面的图层，而内阴影将阴影应用到目标图层上，使图层呈凹陷的外观效果，如图 7-43 所示。

注意：内阴影效果和投影效果基本相似，不过投影是从对象边缘向外，而内阴影是从边缘向内。投影效果中的"扩展"选项在内阴影中变为"阻塞"。"扩展"选项起扩大作用，而"阻塞"选项起收缩作用，原理是相同的。

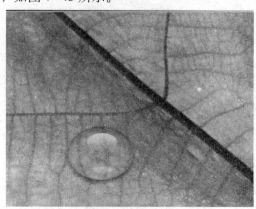

图 7-43　内阴影和投影阴影效果

投影与内阴影对话框如图 7-44 所示。

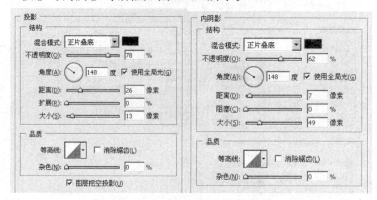

图 7-44　投影与内阴影对话框

投影选项：

- 混合模式：确定图层样式与本层或下层混合方式。
- 颜色：指定阴影的颜色。可以单击颜色框并选取颜色。
- 不透明度：指定阴影的不透明度。
- 角度：确定效果应用于图层时所采用的光照角度。
- 使用全局光：可以在图像上呈现一致的光源照明外观。
- 距离：指定阴影的偏移距离。这个数值越大，投影离对象就越远。
- 扩展：扩展选项控制了投影像素到完全透明边缘间的模糊程度。一般的投影扩展为 0%，边缘柔和过渡到完全透明；在扩展为 100%的时侯，会产生特殊效果。
- 大小：指定模糊的数量。

提示：图层效果图标将出现在"图层"调板中的图层名称的右侧。可以在"图层"调板中展开样式，以便查看或编辑合成样式的效果。

● 等高线：控制在给定的范围内创造特殊轮廓外观。单击等高线旁边的下拉三角，出现已载入的等高线类型。单击当前的等高线缩览图，出现等高线编辑器，可以像编辑曲线那样编辑等高线。

● 消除锯齿：混合等高线或光泽等高线的边缘像素。对尺寸小且具有复杂等高线的阴影最有用。

● 杂色：在阴影区域中产生一些随机的颗粒，使图像出现特殊效果。

● 图层挖空投影：在投影图像中剪去了投影对象的形状，看到的只是对象周围的阴影。选取此选项，投影将包含对象的形状。只有在降低图层的填充不透明度时才能查看此效果。

提示：图层样式是应用于一个图层或图层组的一种或多种效果。可以应用某种预设样式，或者使用"图层样式"对话框来创建自定样式。

7.6.3　外发光／内发光

在边缘添加向外或向内发光效果，可以控制发光的颜色、缩放程度及大小，如图 7-45 所示。

图 7-45　外发光和内发光效果

发光对话框如图 7-46 所示。

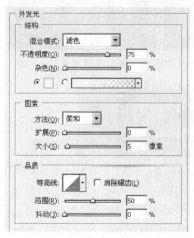
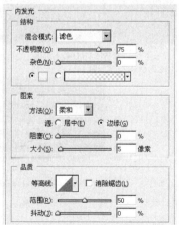

图 7-46　外发光和内发光对话框

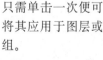

提示：存储自定样式时，该样式成为预设样式。预设样式出现在"样式"调板中，只需单击一次便可将其应用于图层或组。

发光选项：

● 颜色：发光的颜色可以为单色，也可以是渐变色。

提示：图层样式对话框可以编辑应用于图层的样式，或使用"图层样式"对话框创建新样式。

● 方法：较柔软的方法会创建柔和的发光边缘。在内发光选项中可以确定光源的位置在图像中间或边缘。

● 范围：确定等高线作用范围，范围越大，等高线处理的区域就越大。

● 抖动：相当于对渐变光添加杂色。

7.6.4 斜面与浮雕效果

斜面与浮雕效果在众多的图层效果中是相对较复杂的，是使用率比较高，效果也是比较特别的一项。

"内斜面"在图层内容的内边缘上创建斜面；"外斜面"在图层内容的外边缘上创建斜面；"浮雕效果"创造内斜面和外斜面的综合效果；"枕状浮雕"创造将图层内容的边缘嵌入下层图层中的效果；"描边浮雕"将浮雕限于应用于图层的描边效果的边界，如图 7-47 所示。

左图为外斜面浮雕，右图为内斜面浮雕效果

提示：在单击或拖动的同时按住 Shift 键可将样式添加到（而不是替换）目标图层上的任何现有效果。

左图斜面浮雕效果，右图描边浮雕和图案叠加效果

枕状浮雕效果

图 7-47　斜面浮雕类型

斜面和浮雕效果选项分为结构和阴影两个部分，如图 7-48 所示。

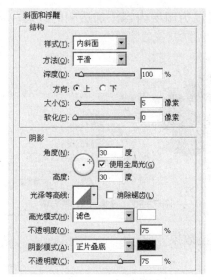

图 7-48　斜面和浮雕选项

斜面和浮雕选项：

● 方法：包括平滑，雕刻清晰和雕刻柔和。平滑选项模糊边缘，可适用于所有类型的斜面效果，但不能保留较大斜面的边缘细节。雕刻清晰选项保留清晰的雕刻边缘，适合用于有清晰边缘的图像，如消除锯齿的文字等。雕刻柔和介于这两者之间，主要用于较大范围的对象边缘。

● 深度：控制斜面和浮雕的深度。

● 方向：控制高光的位置。

● 光泽等高线：创建类似金属表面的光泽外观，它不但影响图层效果，连图层内容本身也被影响。

● 软化：复合之前模糊阴影效果可减少多余的人工痕迹。

斜面和浮雕的子选项包括当前等高线类型和控制亮度或颜色范围的选项。范围越大，等高线所使用的区域越大。等高线选项和效果如图 7-49 所示。

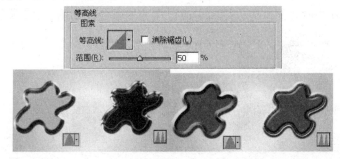

图 7-49　斜面和浮雕的等高线效果

 提示：使用全局光可以在图像上呈现一致的光源照明外观。

全局光源将应用于使用全局光源角度的每种图层效果。

 提示：在创建自定图层样式时，可以使用等高线来控制。

效果在指定范围上的形状。例如，"投影"上的"线性"等高线将导致不透明度在线性过渡效果中逐渐减少。使用"自定"等高线来创建独特的阴影过渡效果。

提示：可在
"等高线"弹出式
调板和"预设管理
器"中选择、复位、
删除或更改等高线
的 预览。

纹理选项可以为图层内容添加透明的纹理，选项和效果如图
7-50 所示。

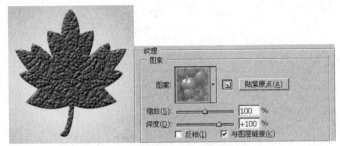

图 7-50 效果和纹理选项

7.6.5 叠加类效果

1．光泽

在图层内部根据图层的形状应用阴影，可以实现光滑的外观。
光泽效果通常会很柔和，所以有时也被称为绸缎效果。适当的光泽
配合斜面和浮雕效果会使图像呈现出奇妙的形态，如图 7-51 所示。

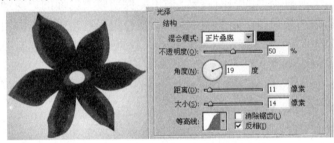

图 7-51 光泽效果和选项

 提示：如果
图层具有样式，"图
层"调板中的图
层名称右侧将显示
"fx"图标。

提示：选择
"图层"＞"图层
样式"＞"隐藏所
有效果"或"显示
所有效果"。

2．颜色叠加

可以在图层填充一种纯色，此图层效果与使用"填充"命令功
能相同，与建立一个纯色的填充图层类似，只不过此图层效果比上
述两方法更方便。可以随时更改已填充的颜色。如图 7-52 所示。

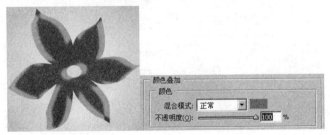

图 7-52 颜色叠加效果和选项

3．渐变叠加

在图层中填充一种渐变颜色，此图层效果与在图层中填充渐变颜色的功能相同，与创建渐变填充图层的功能相似，如图 7-53 所示。

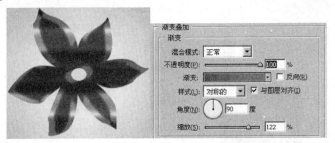

图 7-53　渐变叠加效果和选项

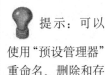
提示：可以使用"预设管理器"重命名、删除和存储预设样式库。

4．图案叠加

在图层填充一种图案，此图层效果与使用填充命令填充图案的功能相同，与创建图案填充图层功能相似，如图 7-54 所示。

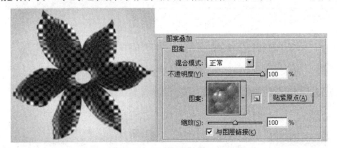

图 7-54　图案叠加效果和选项

5．描边

使用颜色、渐变或图案在当前图层上描画对象的轮廓。对于硬边形状（如文字）特别有用，如图 7-55 所示。

提示：也可以使用"预设管理器"载入和复位样式库。

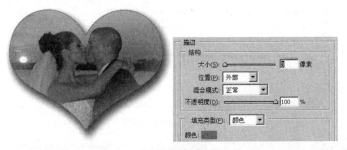

图 7-55　描边效果和选项

7.6.6　复制图层效果

图层效果设置可以像文件似地"复制"，可以将当前效果直

练习目的：掌握图层效果的复制与粘贴。

素材来源《试题汇编》photo.psd 素材。

 提示：拷贝和粘贴样式是对多个图层应用相同效果的便捷方法，可在图层之间拷贝图层样式，选取"图层"＞"图层样式"＞"拷贝图层样式"。 选择目标图层，然后选取"图层"＞"图层样式"＞"粘贴图层样式"。

提示：也可通过拖动在图层之间拷贝图层样式。在"图层"调板中，按住 Alt 键将单个图层效果从一个图层拖动到另一个图层以复制图层效果，或将"效果"栏从一个图层拖动到另一个图层也可以复制图层样式。

接应用到其他图层。

（1）打开一个图像文件，如图 7-56 所示。选择移动工具，在图像上单击右键，在下拉菜单中选择"图层 5"，该图层被选择。

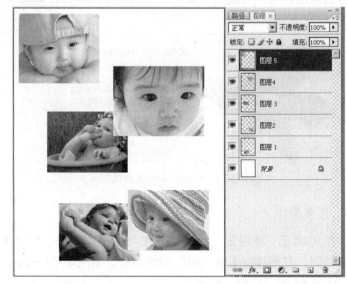

图 7-56　素材图

（2）在图层调板底部，单击"添加图层样式"按钮，从菜单中选择"投影"命令，打开投影对话框，设置如图 7-57 所示。

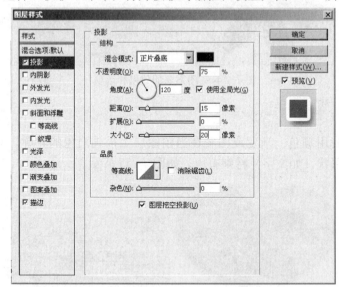

图 7-57　投影对话框

（3）选择"描边"，指定图像描绘 8 像素的白边，设置如图 7-58 所示。

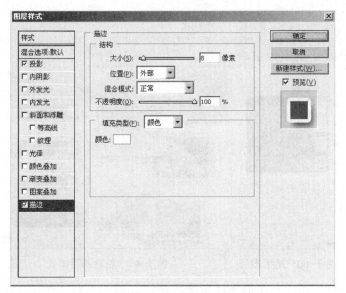

图 7-58　描边对话框

（4）在"图层 5"上单击右键，从菜单中选择"拷贝图层样式"命令，拷贝图层样式，如图 7-59 所示。

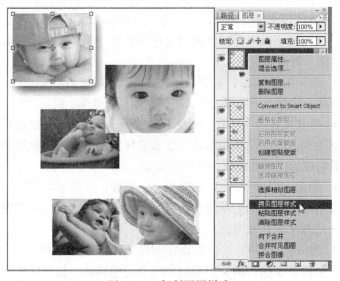

图 7-59　复制图层样式

（5）按住 Ctrl 键，在图层调板中，分别单击除"图层 5"以外的其他图层，再单击调板底部链接按钮 或者执行"图层" > "链接图层"命令，将多个图层链接起来，如图 7-60 所示。在图层上单击右键，从菜单中选择"粘贴图层样式"命令，将图层效果粘贴到链接的多个图层中，如图 7-61 所示。

作品内容：艺术照片。

《试题汇编》6.19 题使用此范例。

提示：图层样式可对目标分辨率和指定大小进行微调，例如，选取"图层" > "图层样式" > "缩放效果"。

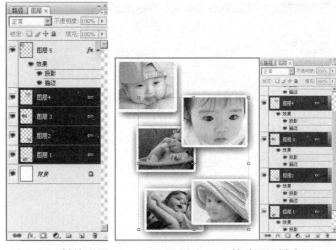

图 7-60　链接图层　　　　图 7-61　粘贴图层样式

提示：在"图层"调板中，按住 Alt 键将单个图层效果从一个图层拖动到另一个图层以复制图层效果，或将"效果"栏从一个图层拖动到另一个图层也可以复制图层样式。

（6）再次单击调板底部链接按钮 或者执行"图层"＞"取消图层链接"命令，将取消图层链接。

右键菜单：

● 拷贝、粘贴图层样式：选取图层样式进行拷贝，然后在另一图层上粘贴图层样式，粘贴的图层样式将替换或添加目标图层样式。也可以在图层调板中将图层效果拖移到目标图层。如果要拷贝多个图层效果，可将图层链接操作。

● 删除图层样式：将图层样式拖移到"垃圾箱"按钮上可删除图层样式。选择"清除图层样式"将删除所有效果。

● 将效果转换为样式：图层效果转换为一般图像图层后可自定图层的外观。混合模式和不透明度依然保留。有些图层效果转换为图层后与原始图层共同成为图层剪切组。

提示：选取"图层"＞"图层样式"＞"创建图层"命令，将图层样式转换为图像图层，此过程产生的图层可能不能生成与使用图层样式的版本完全匹配的图片。创建新图层时可能会看到警告。

● 隐藏图层样式：如果图像文件较大，应用了大量的图层样式，或者在配置较低的系统中运行，隐藏图层样式可以使图像得到最优化处理来提升效率。

● 缩放图层样式：使用重定图像像素更改图像大小时，图层效果不会随着变换，但会影响到原本合适的样式。使用缩放效果可以使效果与图像大小保持一致。

7.7　样题解答

（1）打开素材文件夹下 Unit6\drop.jpg 素材，如图 7-62 所示。

（2）随机建立选区，单击"以快速蒙版模式编辑"工具，使用画笔或橡皮随机涂抹，如图 7–63 所示。

图 7–62　背景素材

图 7–63　随机涂抹快速蒙版

（3）再次单击"以快速蒙版模式编辑"工具转回到"以标准模式编辑"工具，刚才涂抹的区域转换为选区，如图 7–64 所示。

图 7–64　创建随机选区

（4）执行"图层">"图层样式">"斜面和浮雕"命令，设置如图 7–65 所示。

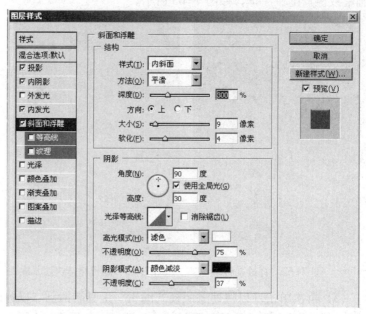

图 7-65　斜面和浮雕样式

（5）选择"内发光"样式，设置如图 7-66 所示。

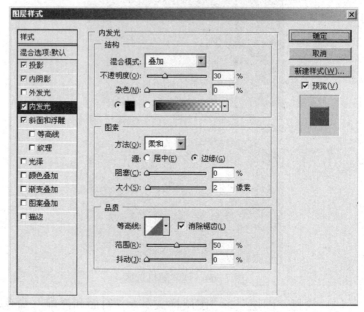

图 7-66　内发光样式

（6）选择"内阴影"样式，设置如图 7-67 所示。

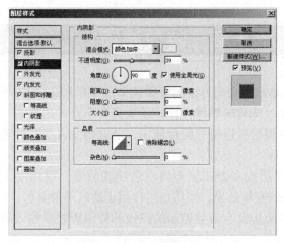

图 7-67　内阴影样式

（7）选择"投影"样式，设置如图 7-68 所示。

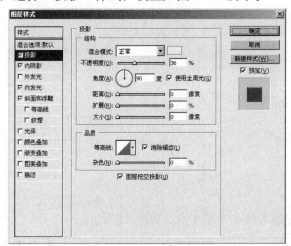

图 7-68　投影效果

（8）水滴图层样式效果，如图 7-69 所示。

图 7-69　最终效果

第8章　特效滤镜

　　滤镜能够产生许多光怪陆离、变幻万千的特殊效果，所有Photoshop滤镜都分类放置在滤镜菜单内。要加强对滤镜的熟练操作，还要具有丰富的想象力，才能真正应用得恰到好处。滤镜通常与图层、通道等配合使用，能取得令人惊叹的艺术效果。滤镜可以反复、连续应用。

　　滤镜可以作用于单个图层或多个图层不同混色模式图像，或作用于单个、多个Alpha通道，得到意想不到的有趣效果。当然也可作用于选区等对象。

　　滤镜有两种类型：单步操作没有参数控制的滤镜和使用滑块或输入改变参数进行调节的滤镜。

本章主要技能考核点：

● 像素化类滤镜；

● 扭曲（液化）类滤镜；

● 杂色类滤镜；

● 模糊类滤镜；

● 渲染类滤镜；

● 画笔描边类滤镜；

● 艺术效果类滤镜；

● 风格化类滤镜；

● 智能滤镜。

评分细则：

本章有3个基本点，每题考核3个基本点，每题15分。

序号	评分点	分值	得分条件	判分要求
1	图像编辑	5	按照要求编辑图像	方法不正确不得分
2	滤镜特效	6	使用正确的滤镜	效果不正确不得分
3	效果修饰	4	按照要求修饰效果	效果相似可得分

本章导读：

　　如上所述，我们明确了本章所要求掌握的技能考核点以及对应《试题汇编》单元的评分点、得分条件和判分要求等。下面我们先在"样题示例"中展示《试题汇编》中一道关于制作葡萄汁流淌效果的真实试题，并在"样题分析"中对如何解答这道试题进行分析，然后通过一些案例来详细讲解本章中涉及到的技能考核点，最后通过"样题解答"来讲解"制作葡萄汁流淌效果"这道试题的详细操作步骤。

8.1　样题示例

操作要求

制作葡萄酒汁流淌的效果，如图 8-1 所示。

图 8-1　效果图

打开素材文件夹下 Unit7\cup.jpg 和 water.psd 素材，如图 8-2 和图 8-3 所示。

（1）图像编辑：使用色相／饱和度调整图 8-3 为酒红色。

（2）特效滤镜：液化、扭曲、模糊滤镜处理成水流状。

（3）效果修饰：变换水流的大小、角度与酒杯素材合成。

将最终结果以 X7-20.psd 为文件名保存在考生文件夹中。

图 8-2　酒杯素材　　　图 8-3　水浪素材

8.2　样题分析

本题使用液化滤镜制作液体水流效果。

首先观察素材是一个深蓝色水浪的图像，为了实现葡萄酒作品效果，需要使用"色相／饱和度"改变为酒红色。

然后使用液化滤镜处理，形成液体水流效果，放置在背景图像的合适位置、大小和角度。

最后使用图像修饰工具，涂抹水流的明暗区域、模糊形成立

样题示范

练习目的：从《试题汇编》第七单元中选取的样题观察体会本章题目类型，了解本章对学习内容的要求。

素材来源：《试题汇编》第七单元素材 cup.jpg 和 water.psd。

作品内容：使用水波浪，随机变形成水流状，着酒红色，形成红酒倾倒流下效果。

解题和创作思路，所使用的技能要点。

体效果，完成作品。

制作过程中液化滤镜起到关键作用，所以掌握一些常用滤镜的使用方法，对于设计工作是相当重要的。

8.3　特殊滤镜

滤镜应用于现用的可见图层或选区。

滤镜根据用处和效果分为以下几种类型：

- 用于印刷前工艺的；
- 非现实艺术的特殊效果；
- 改变像素色彩的；
- 改变图像形状变形效果的；
- 替换、聚焦、风格化、材质肌理、三维等；
- 提取、液化、图案制作其他滤镜。

滤镜的种类有近百种，短期内不可能全部熟练掌握，对一些常用的有一定的基本了解就可以了，可在以后制作过程中再进一步熟悉。

使用滤镜一般遵循以下原则：

- 滤镜只能应用于当前可视图层，且只能应用在一个图层上。
- 位图模式或索引颜色的图像不能应用滤镜。
- 滤镜适用于 RGB 模式，部分不能适用于 CMYK 颜色模式的图像。

滤镜使用性能：

因为有些滤镜完全在内存中处理，所以内存的容量对滤镜的生成速度影响较大。为了提高 Photoshop 对滤镜使用的工作效率，应遵循以下原则：

- 选取图像的一小部分试验滤镜效果。
- 如果图像很大，且有内存不足的问题时，将效果应用于单个通道。
- 在运行滤镜之前先设置计算机分配给 Photoshop 的内存或释放不必要的内存。

Photoshop 内置滤镜菜单，如果安装第三方外挂滤镜将出现在"滤镜"菜单的底部。

8.3.1　Smart filter 智能滤镜

以前对一个图层使用多个滤镜后，是不能任意取消的。Smart filter 智能滤镜允许用户像管理图层一样来管理这个层的多个滤镜效果。

（1）选择图层，单击右键，从菜单中选择"转换智能对象"

注意：不能将滤镜应用于位图模式或索引颜色的图像。

注意：有些滤镜只对 RGB 图像起作用。

提示：智能滤镜是 Photoshop CS3 的新增功能。它能记录、修改保存所使用的滤镜。

命令，将图层转换为智能对象；如图 8-4 所示。观察"图层 1"，缩略图出现"智能对象"符号 。

图 8-4　转换为智能对象

提示：通过应用于智能对象的智能滤镜，可以在使用滤镜时不会造成破坏。智能滤镜作为图层效果存储在"图层"调板中，并且可以利用智能对象中包含的原始图像数据随时重新调整这些滤镜。

（2）执行"滤镜"＞"锐化"＞"智能锐化"命令，设置如图 8-5 所示，在图层调板当前所有应用滤镜（例如"智能锐化"）都将附属在"智能滤镜"下面，如图 8-6 所示。

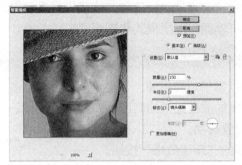 

图 8-5　智能锐滤镜　　　　图 8-6　智能对象／滤镜

（3）执行"滤镜"＞"模糊"＞"特殊模糊"命令，参数设置如图 8-7 所示。

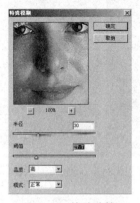

图 8-7　特殊滤镜

（4）在"智能滤镜"图层上，双击"智能锐化"滤镜，可像图层样式一样重新打开"智能锐化"对话框，修改其参数。

（5）右键单击"特殊模糊"，从下拉菜单中选择"编辑智能滤镜混合选项"（Edit Smart Filter Blending Options），如图 8-8 所示。在打开的对话框中，设置模式为"叠加"，不透明度为"50%"。

提示：为了在试用各种滤镜时节省时间，可以先在图像中选择有代表性的一小部分进行试验。

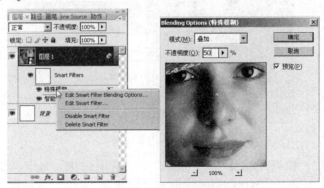

图 8-8　选择／设置智能滤镜混合选项

由此可以看到，通过"智通滤镜"管理，滤镜可再次编辑，并且同样像普通图层一样可以调整图层模式和透明度。

8.3.2　滤镜库

提示：滤镜库可应用多个滤镜、打开或关闭滤镜的效果、复位滤镜的选项以及更改应用滤镜的顺序。

提示："滤镜"菜单下所有的滤镜并非都可在滤镜库中使用。

提示：对于8位／通道的图像，可以通过"滤镜库"累积应用大多数滤镜，所有滤镜都可以单独应用。

使用"滤镜库"可以累加地套用滤镜，也可以重复套用多次个别滤镜效果，并且为套用的滤镜提供缩略图，如图 8-9 所示。

（1）选取滤镜，设置选项。

（2）单击调板底部的"新建效果"按钮。

（3）在效果清单中单击眼睛图标可以暂时隐藏效果。

（4）在效果清单中拖移可以重新排列使用的滤镜。

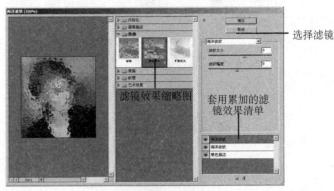

图 8-9　滤镜库对话框

8.3.3　抽出滤镜

"抽出"命令提供以描绘方式选取对象的捷径，如对象的边缘细微、复杂或无法确定时此工具非常有用。在较短的时间内，从背景图像中抽取对象。"抽出"命令只能作用于某一个层，而不能同时作用于多个图层。

首先使用"取出"对话框中的工具绘制标记对象边缘，并定义对象的内部区域。观察预览效果，根据需要修饰效果或直接抽取。

（1）打开一幅图像，执行"滤镜"＞"抽出"命令，选择"边缘高光器工具"，调整画笔大小，在预览对象边缘绘画抽取对象的轮廓，边缘便以高光显示，如图 8-10 所示。

图 8-10　边缘高光描边

（2）继续绘画轮廓进行封闭，选择"填充工具"，在绘画轮廓对象内部单击填充颜色，如图 8-11 所示。

（3）单击"预览"按钮观察抽取效果，被去除的像素区域变成透明。

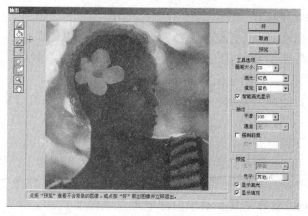

图 8-11　在绘画出的封闭轮廓内填充

如果抽取对象较复杂，没有明显的轮廓边缘或抽取对象不够准确。例如，一些该保留的像素被去除，可使用历史画笔工具将其恢复。如果一些无需保留的像素未去除，可以用背景橡皮擦工具将其擦除，如图 8-12 所示。

提示：对于比较简单的情况，也可尝试使用"背景橡皮擦"工具。

提示：要避免丢失原来的图像信息，可复制图层或制作原图像状态的快照。

图 8-12　对抽取图像进行修饰

工具箱：

● 边缘高光器工具 ：绘制标记边缘高光，描绘高光可将前景对象与背景少许重叠。

● 填充工具 ：填充封闭边缘高光对象内部。

● 橡皮擦工具 ：使用橡皮擦工具，在高光处拖移擦除边缘高光。若要去除全部高光，按 Alt+Backspace 键。

● 清除工具 ：减小抽取对象的不透明度。按下 Alt 键拖动可逐渐恢复。清除工具只有在预览分离对象时才可用。

● 边界润色工具 ：边缘修饰工具锐化边缘，使边界能清楚地显现出来。

● 吸管工具 ：在对象内部单击取样，将取样颜色作为前景色。单击"预览"按钮，发现加亮边界线内颜色与取样颜色相同。吸管工具只有在使用"强制前景色"选项时才可用。

工具选项：

● 画笔大小：控制 、 、 、 工具画笔的大小。

● 高光 ：用于突出显示的颜色，默认的颜色为"绿色"。

● 填充：用填充工具填充的颜色。

● 智能高光显示：提高改进使用 工具描画对象边缘时精确性。类似"魔术化"功能，会自动跟踪边界。

抽取选项栏：

● 平滑：调整边界的平滑度，值越大边界越平滑。

● 强制前景色 ：如果对象特别复杂或不清晰，选择"强制前景"，使用吸管工具在对象内部单击以取样前景色；用高光覆盖整个对象，或使用"颜色块"拾取前景色。该方法较适合于包含单色调的对象。

● 通道：从"通道"菜单中选取 Alpha 通道作为高光边缘。如果修改了基于通道的高光，则通道名称更改为"自定"。

预览选项栏：

● 显示：有原图、抽取两种模式进行预览。

 提示：如果选择了"带纹理的图像"或"强制前景"，边缘高光器将无法高光显示整个对象。

提示：如果使用"智能高光显示"标记靠近另一个边缘的对象边缘，并且冲突的边缘使高光脱离了对象边缘，需减小画笔的大小。

● 显示：当预览抽取效果时，使用黑色、白色、灰度杂色或蒙版预览取出的对象。若要显示透明背景，选取"无"。

● 显示高光：在预览框中是否用显示高光颜色。

● 显示填充：在预览框中是否显示填充颜色。

8.3.4　液化滤镜

"液化"就像被熔化一样进行变形、旋转、扭曲、扩展、收缩、移动和反射等，还可以使用多种重建模式全部或部分地反向扭曲、扩展扭曲或在新区域中重做扭曲。

如果需要可以冻结保护部分图像以免被修改。

1. 液化变形

（1）选取图像内容（某一个选取范围、某一个图层，或者某一个通道），执行"滤镜"＞"液化"命令，对话框及葡萄汁的液化变形效果如图 8-13 所示。

图 8-13　"液化"对话框

（2）在"工具选项"选项栏中设置"画笔大小"和"画笔压力"，若用户的计算机已经安装了绘图板，还可以选择"光笔压力"。

（3）选择向前变形工具 ，在预览图像上按下鼠标拖移，就会产生图像变形效果。

2. 弯曲变形效果

如图 8-14 所示，若想要使模特的头发看起来呈波浪状，并具

提示：抽出后可以使用"编辑"＞"渐隐"命令重新增加背景不透明度和创建其他效果。

提示："液化"对话框中有几个工具可以在按住鼠标或拖动时扭曲画笔区域。扭曲集中在画笔区域的中心，且其效果随着按住鼠标或在某个区域中重复拖动而增强。

提示：按住 Shift 键单击变形工具、左推工具或镜像工具，可创建从以前单击的点沿直线拖动的效果。

在拖动时向前推像素。

有弯曲度，首先用向前变形工具 🖉 在头发梢的末端拖拉，然后用顺时针旋转扭曲工具 🌀 顺时针旋转像素，使头发的末端产生旋转变形效果。

图 8-14　弯曲变形

3. 扭曲效果

如图 8-15 所示，在一个几何图案上，将旋转扭曲工具 🌀 放置在图像中心，直到变形扭曲到理想的状态。

图 8-15　旋转扭曲

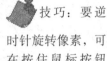技巧：要逆时针旋转像素，可在按住鼠标按钮或拖动时按住 Alt 键。

4. 倒映映射效果

如图 8-16 所示，首先用镜像工具 🖫 产生树木的倒映，然后选择向前变形工具 🖉，设置画笔的浓度为 20，在倒映的树木上来回地拖移，产生水波倒映弯曲效果。

图 8-16　倒映映射

5. 蒸汽效果

如图 8-17 所示，首先用向前变形工具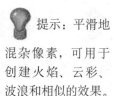制做一小点弯曲，然后选择湍流工具，设置画笔大小为 300，在蒸汽上单击或拖移，产生蒸汽腾升的效果。

提示： 平滑地混杂像素，可用于创建火焰、云彩、波浪和相似的效果。

图 8-17　蒸汽效果

6. 翻转形状

用镜像工具将图中飞蛾由一个水平镜像为三个，然后用移动镜像工具在下面从右到左映射，如图 8-18 所示。

提示： 按住 Alt 键拖动，将镜像描边区域反方向的区域（例如，位于向下的描边上方的区域）。

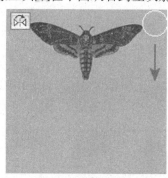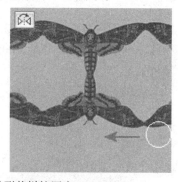

图 8-18　翻转形状拼接图案

7. 水平加宽

如图 8-19 所示，将图中的椅子加宽，用左推工具移动垂直方向的像素，拖移使像素右移，按住 Alt 键（Windows）或按住 Option 键（Mac OS）像素向左拖移，使图像产生位移扩展效果。

提示：当垂直向上拖动该工具时，像素向左移动（如果向下拖动，像素会向右移动）。也可以围绕对象顺时针拖动以增加其大小，或逆时针拖动以减小其大小。

图 8-19　水平加宽

8. 燃烧效果

用变形工具 选择合适的大小画笔，在字母顶端一点一点地向上拖移，如图 8-20 所示。

图 8-20　燃烧效果

9. 改变脸部表情

如图 8-21 所示，首先用褶皱器工具 或膨胀工具 将图中的一对鼻孔和手进行变化，然后用向前变形工具 将脸部表情由微笑变为怒吼效果。

提示：褶皱工具在按住鼠标按钮或拖动时使像素朝着画笔区域的中心移动。

图 8-21　脸部表情变形效果

观察对话框由"工具箱""预览图像"和"选项栏"三部分组成。
液化变形工具

提示：膨胀工具在按住鼠标按钮或拖动时使像素朝着离开画笔区域中心的方向移动。

● 向前变形工具 ：拖动鼠标可产生弯曲效果。
● 湍流工具 ：可产生与火、云彩、水波纹等相似的效果。
● 顺时针旋转扭曲工具 ：产生顺时针旋转像素，使图像产生旋转变形效果。

● 褶皱工具🎞：使像素靠近画笔区域的中心，产生收缩折叠效果。

● 膨胀工具🖐：使像素远离画笔区域的中心，产生膨胀效果。

● 左推工具🖐：移动垂直方向的像素。使像素左移，按住Alt 键（Windows）或按住 Option 键（Mac OS）拖移使像素右移，使图像产生位移效果。

● 对称工具🖐：拖移以反射方向垂直的区域，将像素拷贝到绘画区域。按住 Alt 键（Windows）或按住 Option 键（Mac OS）拖移，沿与绘画相反的方向反射。通常情况下，在冻结了要反射的区域后，按住 Alt 键或按住 Option 键并拖移可产生较好的效果。使用重叠绘画可创建类似于水中倒影的效果。

● 重建工具🖐：可将当前拖动之处的图像恢复为原始状态。

● 冻结蒙版工具🖐：在预览窗口中绘制出冻结区域（默认设置下，冻结区域以红色显示），保护该区域中的图像不会因各种变形工具拖动变形而受影响。

● 解冻工具🖐：解冻冻结区域使其可以编辑。如果要解冻所有冻结区域，在对话框中选择"全部解冻"

蒙版选项：

当图像中已有一个选区或蒙版时，蒙版选项可以保留原来的选区或蒙版。

● 替换选择🌓：显示原图像中的选区、蒙版或透明区域。

● 添加到选区🌓 ：使用冻结工具将冻结区域添加到原图像中的蒙版。

● 从选择减去🌓：从当前冻结区域中减去通道中的像素。

● 选择交集🌓：仅使用当前选择或冻结区域的像素。

● 反向选择🌓：用选择的像素反向当前冻结的区域。

提示：可以将重建应用于整个图像（消除非冻结区域中的扭曲）或者使用重建工具来重建特定区域。如果要防止重建扭曲的区域，可使用冻结工具。

提示：使用冻结工具可以冻结不希望更改的区域。

8.3.5　图案生成器

图案生成器根据指定内容可快速创建多种图案或纹理，产生神奇的效果。

图案生成器是根据取样区域的像素生成多个变化的平铺图案。例如，选择取样一幅图像中的部分花草，图像生成器会产生很多个平铺的花草图案。可以对取样图案单独存储，作为预置的图案为指定的内容填充。

图案生成器将以生成的图案替换当前图层，如果需要可以复制新图层或执行"图像"＞"复制"生成副本文件。

（1）打开一幅图像，执行"滤镜"＞"图案生成器"命令，对话框如图 8-22 所示。

提示：使用缩放工具和手掌工具在预览区域中导航。将 Alt 键与缩放工具一起使用可以缩小，放大率会显示在对话框的底部。

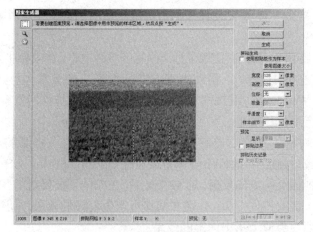

图 8-22 "图案生成器"对话框

（2）在"图案生成器"对话框中选择"矩形选框工具"，然后建立用于生成图案的选区，单击"生成"按钮，预览区域就会自动生成图案拼贴效果，如图 8-23 所示。

图 8-23 图案拼贴效果

（3）可以连续按下"再次生成"按钮，随机生成多次拼贴图案，全部保留在"拼贴历史记录"选项栏内供选择。

拼贴选项：

● 使用剪贴板作为样本：使用剪贴板内容直接生成图案，不需在图像上建立选区。

● 使用图像大小：直接将图像用作拼贴大小，可产生单个拼贴的图案。

● 宽度、高度：指定生成图案中的拼贴尺寸。

● 位移和数量：根据选取方向和数量百分比对图案产生位移拼贴。

● 平滑度：控制生成拼贴图案边缘光滑程度。

● 样本细节：控制样本在生成图案中被裁掉的细节。

● 预览：可以选择预览"原图"或"拼贴效果图"两种方式，还可以指定显示拼贴图案边界与边界显示颜色。

● 更新图案预览：拼贴图案重新生成预览。

 注意：不能从非矩形选区生成样本图案。

● 存储为预设图案：确定要存储的拼贴图案，单击保存按钮 存储为预设图案。这里仅存储单个拼贴（样本），而不是整个生成的拼贴图案。

● 从历史记录中删除拼贴：确定要删除的拼贴，然后单击"从历史记录中删除拼贴"按钮 即可。

8.4　像素化类滤镜

像素化滤镜将图像分成一定的区域，将这些区域转变为颜色值相近的像素结成块来构成图像。方形的如马赛克滤镜，不规则多边形的如晶状滤镜，不规则点状的如凹版画滤镜等。

1．彩色半调

模拟在图像的每个通道上使用半调网屏的效果，将一个通道分解为若干个矩形，然后用圆形替换掉矩形，圆形的大小与矩形的亮度成正比，如图 8-24 所示。

图 8-24　"彩色半调"对话框

● 最大半径：设置半调网屏的最大半径。

● 网角：网点与实际水平线的夹角。

● 对于灰度图像：只使用通道 1。对于 RGB 图像：使用 1、2 和 3 通道，分别对应红色、绿色和蓝色通道。对于 CMYK 图像：使用所有四个通道，对应青色、洋红、黄色和黑色通道。

图像边框应用彩色半调效果如图 8-25 所示。

图 8-25　左图为原图，右图为效果

技 巧：按 Ctrl+Shift+F 组合键使用"消褪"命令减弱上一次使用的滤镜效果。

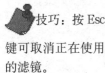

技巧：按 Esc 键可取消正在使用的滤镜。

技巧：在滤镜预览窗口中，按下 Alt 键拖移选项滑块可看到实时渲染预览效果。

技巧：按 Ctrl+F 组合键可重复上一次使用的滤镜。

2. 点状化

将图像中的颜色分解为随机分布的网点，并使用背景色作为网点之间的画布区域，使图像产生点状效果。如图 8-26 所示为对话框和效果。

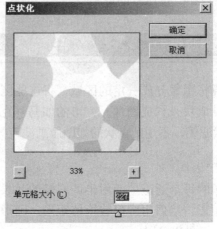

图 8-26　"点状化"对话框

● 单元格大小：调整结块单元格的尺寸，范围是 3 ~ 300。应用点状化效果如图 8-27 所示。

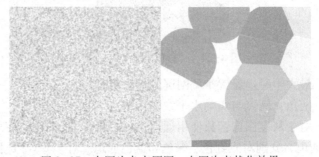

图 8-27　左图为杂点原图，右图为点状化效果

8.5　杂色类滤镜

杂色滤镜向图像中添加或移去杂色或带有随机分布色阶的像素，有助于将像素混合到周围的像素中去。

1. 中间值

此滤镜通过用规定半径内像素的平均亮度值取代半径中心像素的亮度值来减少图像的杂色，在消除或减少图像的动感效果时非常有用。

2．去斑

检测图像边缘颜色变化较大的区域，通过模糊除边缘以外的其他部分起到消除杂色的作用，但不损失图像的细节。

3．减少杂色

使用手工杂色减少方法非常耗时，而且单调乏味。减少杂色滤镜可自动减少杂色，能让图像迅速地消除杂色并且保持图像的清晰度。图 8-28 所示为基本选项和高级选项。

技巧：按 Ctrl+Alt+F 组合键出现设置对话框重复上一次滤镜。

图 8-28　"减少杂色"对话框

● 强度：是该滤镜的总阀，其值越大，删除的亮度杂色越多。在"相机原始数据"中，消除过多的亮度杂色将导致图像模糊，因此要小心。如果将其设置得过高，真正的细节可能被删除。

● 保留细节：设置越高，该滤镜在消除杂色的同时，将尽更大的努力来避免模糊真正的细节。

● 减少杂色：将消除原来在中性色区域中看到的细微污点。将其设置为 0%，然后恢复到 50%，再提高到 100%，看看图像有何不同。

● 锐化细节：将稍微锐化边缘和细节，以免它们在消除杂色时遭到破坏。杂色消除通常会模糊图像，"锐化细节"用于避免这种问题。

● 移去 JPEG 不自然感：设置试图消除图像为 JPEG 压缩文件导致的特殊杂色。

● "每通道"选项卡：单击"高级"单选按钮，标签"每通道"将显示所示的选项，这里的选项让用户能够分别指定每个通道的"强度"和"保留细节"设置。这是一项很有用的功能，因为杂色通常集中在蓝色通道，有时还在红色通道。在大多数数码照片中，绿色通道都是最干净的。同样，这与数码相机拍摄照片以及使用其内部压缩格式存储方式有关。

应用减少杂色效果如图 8-29 所示。

图 8-29　左图为原图，右图效果图

4．添加杂色

添加杂色可以模拟在高速胶片上拍照的效果。

将随机像素应用于图像。此滤镜也可用于减少羽化选区或渐变填充中的条纹，或使经过重大修饰的区域看起来更真实，如图 8-30 所示。

图 8-30　"添加杂色"对话框

● 数量：控制添加杂色的百分比。

● 平均分布：使用随机分布产生杂色。

● 高斯分布：根据高斯钟形曲线进行分布，产生的杂色效果更明显。

● 单色：添加的杂色将只影响图像的色调，而不会改变图像的颜色。

应用添加杂色效果如图 8-31 所示。

图 8-31　左图为原图，右图为效果图

5．蒙尘与划痕

通过捕捉图像或选区中相异的像素，并将其融入周围的图像中来减少杂色，如图 8-32 所示。

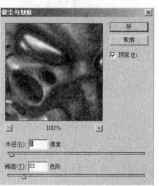

图 8-32 原图和"蒙尘与划痕"对话框

● 半径：控制捕捉相异像素的范围。
● 阈值：用于确定像素的差异究竟达到多少时才被消除。

8.6 模糊类滤镜

模糊滤镜用来减少相邻像素间颜色的过于清晰和过强的对比，以此产生晕化柔和效果，也可以产生柔和的阴影。

1．动感模糊

对图像沿着指定的方向（-360°～+360°），以指定的强度（1～999）进行模糊，如图 8-33 所示。

图 8-33 左图为原图，右图为"动感模糊"对话框

2．径向模糊

"径向模糊"滤镜能产生许多有趣的效果。它可以使一幅图

提示：通过更改相异的像素减少杂色，"半径"与"阈值"各种设置组合，在锐化图像和隐藏瑕疵之间取得平衡。

提示："模糊"滤镜柔化修饰通过平衡清晰边缘旁边的像素，使变化显得柔和。

《试题汇编》7.18 题可考虑使用动感模糊滤镜。

提示：要将"模糊"滤镜应用到图层边缘，可取消选择"图层"调板中的"锁定透明像素"选项。

像拧成一个圆，也可以使其从中心向外发射，产生爆炸效果。图 8-34 所示为径向模糊对话框。

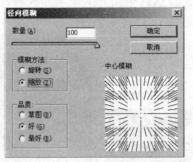

图 8-34　"径向模糊"对话框

提示：模拟缩放或旋转的相机所产生的模糊，产生一种柔化的模糊。

《试题汇编》7.2 题使用到径向模糊滤镜。

● 数量：该参数控制模糊程度，数值范围为从 1 到 100。这个值越大，模糊强度越大。要改变模糊的中心，点击并拖动"模糊中心"框中的中心点。

● 模糊方法：该参数控制模糊类型方式有两个选项："旋转"和"缩放"。如果选择了"旋转"，这个模糊将产生同心圆，通常会使图像看上去好像在陶工的轮子上被转动过似的。如果选择了"缩放"，模糊后的图像线条将从图像的中心点开始缩小。

● 品质：指定模糊的品质。"最好"选项产生最平滑的模糊，但是它执行所用的时间也最长。使用"草图"选项，完成模糊的速度较快，但是结果将是颗粒状的。"好"选项产生"最好"和"原图"之间的效果，在大文件中"最好"和"好"的差别几乎看不出来。

如图 8-35 所示为应用径向模糊效果。

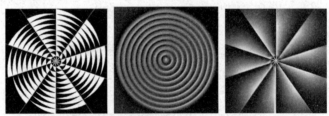

图 8-35 左图为原图，中图为选择"旋转"效果，右图为选择"缩放"效果

3．进一步模糊

产生轻微模糊效果，可消除图像中的杂色，如果只应用一次效果不明显，可重复应用。进一步模糊产生的模糊效果为模糊滤镜效果的 3 至 4 倍。

4．特殊模糊

产生多种模糊效果精确模糊图像，使图像的层次感减弱，如图 8-36 所示。

提示：精确地模糊图像。可以指定半径、阈值和模糊品质。

图 8-36　"特殊模糊"对话框

5. 高斯模糊

按指定的值快速模糊图像，产生一种朦胧的效果，如图 8-37
所示。

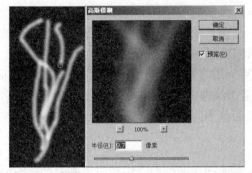

图 8-37　左图为原图，右图为"高斯模糊"对话框

6. 镜头模糊

镜头模糊在保持图像中焦点像素清晰的同时，可以让其他区
域变模糊。也可以使用 Alpha 通道或图层蒙版来建立特殊的模糊
效果，图 8-38 所示为对话框。

图 8-38　"镜头模糊"对话框

提示：高斯
是指当 Photoshop
将加权平均应用于
像素时生成的钟形
曲线。

提示：向图
像中添加模糊以产
生更窄的景深效
果。

如图 8-39 所示为应用镜头模糊的效果。

图 8-39　左为原图，右为效果图

8.7　扭曲类滤镜

扭曲滤镜将图像进行几何扭曲，创建 3D 或其他变形效果。此类滤镜可能占用大量的内存。

"扭曲"子菜单中的"置换""切变""波浪"滤镜用下列方式处理滤镜未定义的区域：

● "折回"用图像另一边的内容填充未定义的空间。

● "重复边缘像素"按指定的方向沿图像边缘扩展像素的颜色。如果边缘像素颜色不同，则可能产生条纹。

1. 切变

通过沿一条曲线扭曲图像，用户可以调整曲线上的任何一点，如图 8-40 所示。

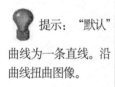

提示："默认"曲线为一条直线。沿曲线扭曲图像。

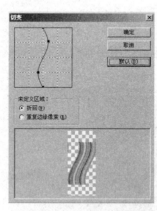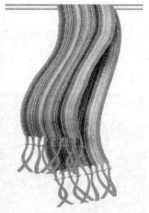

提示：图像透过一个柔和扩散滤镜来渲染成像，此滤镜添加透明的白杂色，并从选区的中心向外渐隐亮光。

图 8-40　左图为"切变"对话框，右图为变形围巾效果

2. 扩散亮光

在图像的亮区添加透明的背景色颗粒并向外进行扩散添加，产生一种类似发光的效果。此滤镜不能应用于 CMYK 和 Lab 模式的图像。图 8-41 所示为对话框和效果。

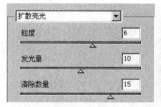

图 8-41　"扩散亮光"对话框和效果

- 粒度：为添加背景色颗粒的数量。
- 发光量：增加图像的亮度。
- 清除数量：控制背景色，影响图像的区域大小。

3．挤压

使图像的中心产生凹凸的效果，对话框如图 8-42 所示。

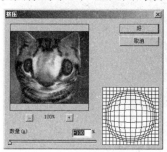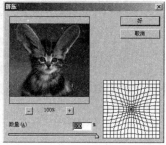

挤压选区向中心移动或向外移动。

图 8-42　"挤压"对话框

- 数量：控制挤压的强度，正值向内挤压，负值为向外凸起，范围是 −100% ～ 100%。

4．极坐标

可将图像的坐标从平面坐标转换为极坐标，或从极坐标转换为平面坐标，如图 8-43 所示。

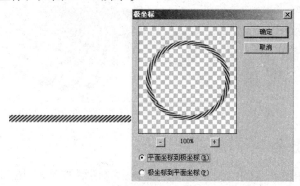

图 8-43　左图为原图，右图为"极坐标"对话框

- 平面坐标到极坐标：将图像从平面坐标转换为极坐标。将

一个平面对象变形为一个圆形。

● 极坐标到平面坐标：将图像从极坐标转换为平面坐标。选中一个圆形对象并把它拉直。

5．旋转扭曲

按指定角度对图像产生旋转扭曲的效果，对话框如图 8-44 所示。

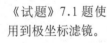

提示：旋转选区，中心的旋转程度比边缘的旋转程度大。指定角度时可生成旋转扭曲图案。

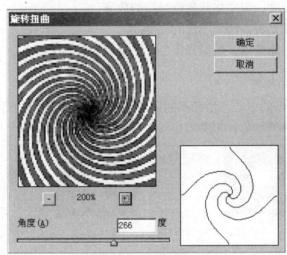

图 8-44 "旋转扭曲"对话框

● 角度：调节旋转的角度，范围是 −999°～999°，效果如图 8-45 所示。

《试题》7.1 题使用到极坐标滤镜。

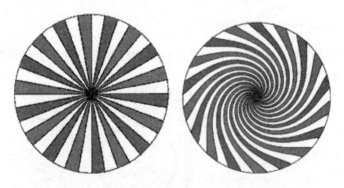

图 8-45 左图为原图，右图为应用"旋转扭曲"效果

6．水波

使图像产生同心圆状的波纹效果，对话框如图 8-46 所示。

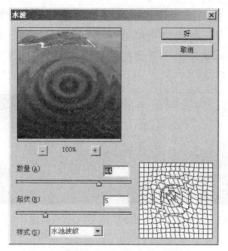

图 8-46　"水波"对话框

根据选区中像素的半径将选区径向扭曲。

- 数量：为波纹的波幅。
- 起伏：控制波纹的密度。
- 围绕中心：将图像的像素绕中心旋转。
- 从中心向外：靠近或远离中心置换像素。
- 水池波纹：将像素置换到中心的左上方和右下方。

7．波浪

用数字控制图像扭曲变形的形状，对话框如图 8-47 所示。

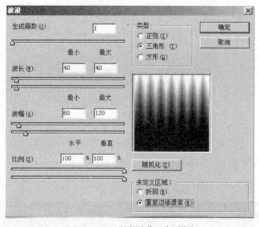

图 8-47　"波浪"对话框

提示：工作方式类似于"波纹"滤镜，但可进行进一步更强大的控制。

- 生成器数：控制产生波的数量，范围是 1 ～ 999。
- 波长：其最大值与最小值决定相邻波峰之间的距离，两值相互制约，最大值必须大于或等于最小值。
- 波幅：其最大值与最小值决定波的高度，两值相互制约，最大值必须大于或等于最小值。

- 比例：控制图像在水平或垂直方向上的变形程度。
- 类型：有三种类型可供选择，分别是正弦、三角形和正方形。
- 随机化：每单击一下此按钮都可以为波浪指定一种随机效果。

效果如图 8-48 所示。

图 8-48　左图为原图，中图为应用"波浪"效果，
右图为再应用"极坐标"效果

8．波纹

在图像上创建波状起伏的图案，像水池表面的波纹，对话框如图 8-49 所示。

提示：要进
一步进行精准控
制，可考虑使用"波
浪"滤镜。

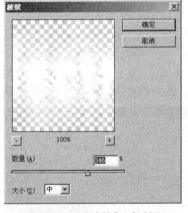

图 8-49　"波纹"对话框

- 数量：控制波纹的变形幅度，范围是 -999% ～ 999%。
- 大小：有大、中和小三种波纹。

效果如图 8-50 所示。

图 8-50　左图为原图，右图为"波纹"效果

9．海洋波纹

将随机分隔的波纹添加到图像表面，使图像看上去像是在水中。对话框如图 8-51 所示。

图 8-51　"海洋波纹"对话框

- 波纹大小：调节波纹的尺寸。
- 波纹幅度：控制波纹振动的幅度。

效果如图 8-52 所示。

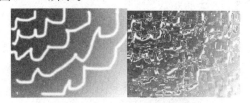

图 8-52　左为原图，右图为"海洋波纹"效果

10．玻璃

使图像看上去如同隔着玻璃观看一样。此滤镜不能应用于 CMYK 和 Lab 模式的图像。对话框如图 8-53 所示。

图 8-53　"玻璃"对话框

- 扭曲度：控制图像的扭曲程度，范围是 0 ~ 20。
- 平滑度：平滑图像的扭曲效果，范围是 1 ~ 15。
- 纹理：可以指定纹理效果，可以选择现成的块状、画布、磨砂和小镜头纹理，也可以载入别的纹理。
- 缩放：控制纹理的缩放比例。
- 反相：使图像的暗区和亮区相互转换。

效果如图 8-54 所示。

注意：海洋波纹滤镜不能应用于 C M Y K 和 Lab 模式的图像。

提示：可选取玻璃效果，也可以创建 Photoshop 文件作为玻璃表面，然后应用它。

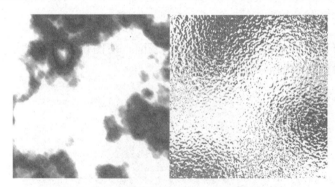

图 8-54　左图为原图，右图"玻璃"效果

11．球面化

通过将选区折成球形、扭曲图像以及伸展图像以适合选中的曲线，使对象具有 3D 效果。

以使选区中心的图像产生凸出或凹陷的球体效果，类似挤压滤镜的效果。如图 8-55 所示。

图 8-55　"球面化"对话框

● 数量：控制图像变形的强度，正值产生凸出效果，负值产生凹陷效果，范围是 −100% ～ 100%。

● 正常：在水平和垂直方向上共同变形。

● 水平优先：只在水平方向上变形。

● 垂直优先：只在垂直方向上变形。

效果如图 8-56 所示。

图 8-56　左图为原图，右图为"球面化"效果

12．置换

选择一个 PSD 格式的图像文件确定如何扭曲图像，滤镜根据此图像上的颜色值移动图像像素。可以产生弯曲、碎裂的图像效果，对话框如图 8-57 所示。

例如，使用抛物线形的置换图创建的图像看上去像是印在一块两角固定悬垂的布上。

图 8-57　"置换"对话框

● 水平比例：滤镜根据置换图的颜色值将图像的像素在水平方向上移动多少。

● 垂直比例：滤镜根据置换图的颜色值将图像的像素在垂直方向上移动多少。

● 伸展以适合：为变换置换图的大小以匹配图像的尺寸。

● 拼贴：将置换图重复覆盖在图像上。

效果如图 8-58 所示。

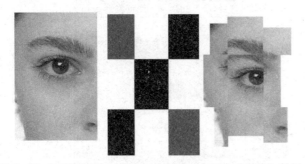

图 8-58　右图为原图，中图为置换图，右图为"置换"效果

8.8　渲染类滤镜

渲染滤镜将图像映射成三维效果，在图像中创建 3D 形状（立方体、球面和圆柱）、云彩图案、折射图案和模拟的光反射。也可从灰度文件创建纹理填充效果。

1. 云彩／分层云彩

技巧：按住 Alt 键使用云彩滤镜，将会使生成的效果更强烈。

云彩滤镜将前景色和背景色随机分布。分层云彩第一次使用时，将前景色与背景色的补色产生随机分布，应用此滤镜几次之后，会创建出与大理石的纹理相似的边缘与叶脉图案。

将前景色与背景色分别设置为红色与绿色，使用云彩和分层云彩后如图 8-59、图 8-60 所示。

《试题汇编》7.13 题用到云彩滤镜。

图 8-59　左图为原图，右图为"云彩"效果

图 8-60　左图为原图，右图为"分层云彩"效果

2. 镜头光晕

注意：镜头光晕滤镜不能应用于灰度、CMYK 和 Lab 模式的图像。

模拟亮光照射到相机镜头所产生的光晕效果。点击图像的任一地方来选择光源的一个中心点。点击之后，出现一个十字光标表示中心点，通过拖移十字线来改变光晕中心的位置，如图 8-61 所示。

图 8-61　"镜头光晕"对话框

● 亮度：控制镜头光强度，数值范围为 10% ～ 300%。

● 镜头类型：控制选择镜头的类型，镜头越长，照射范围越大。使用镜头光晕的效果图 8-62 所示。

图 8-62 左图为原图，右图为镜头光晕效果

3．光照效果

使用 17 种光照样式、3 种光照类型、4 套光照属性和 1 个灰度文件的纹理通道，在 RGB 图像上产生无数种光照效果，如图 8-63 所示。

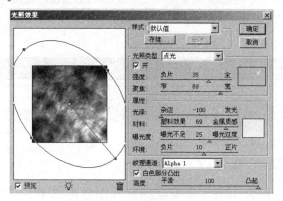

图 8-63 "光照效果"对话框

● 样式：滤镜自带了 17 种灯光布置的样式，可以直接调用也可以通过添加光照将自己的设置存储为样式。

● 添加光照：将对话框底部的光照图标拖移到预览区域中。最多可获得 16 种光照。

● 删除光照：将光照的中央圆圈拖移到预览窗口右下侧的"垃圾箱"按钮中。

● 平行光：均匀地照射整个图像，此光照类型类似太阳光。

● 全光源：光源为直射状态，投射下圆形光圈。

● 点光：当光源的照射范围框为椭圆形时为斜射状态，投射下椭圆形的光圈；当光源的照射范围框为圆形时为直射状态，效果与全光源相同。

● 强度：调节灯光的亮度，若为负值则产生吸光效果。

● 聚焦：调节灯光的衰减范围。

● 属性：每种灯光都有光泽、材料、曝光度和环境四种属性。通过单击窗口右侧的两个色块可以设置光照颜色和环境色。

提示：光照滤镜可以使用灰度文件纹理（称为凹凸图）产生类似 3D 效果，还可存储应用其他图像。

注意：光照滤镜也不能应用于灰度、CMYK 和 Lab 模式的图像。

● 纹理通道：选择要建立凹凸效果的通道。

● 白色部分凸出：默认此项为勾选状态，若取消此项的勾选，凸出的将是通道中的黑色部分。

● 高度：控制纹理的凹凸程度。

效果如图 8-64 所示。

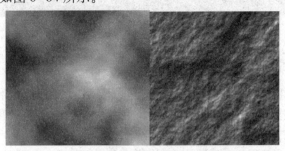

图 8-64　左图为原图和纹理通道，右图为光照效果

8.9　画笔描边类滤镜

注意：画笔描边类滤镜不能应用于 CMYK 和 Lab 模式。

　　画笔描边滤镜主要模拟使用不同的画笔和油墨进行描边创造出的绘画效果。

1．喷溅

创建一种类似透过浴室玻璃观看图像的效果。对话框如图 8-65 所示。

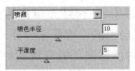

图 8-65　"喷溅"对话框

提示：喷溅滤镜模拟喷溅喷枪的效果。增加选项可简化总体效果。

● 喷色半径：喷溅色块的半径。

● 平滑度：喷溅色块之间过渡的平滑度。

效果如图 8-66 所示。

图 8-66　左为原图，右图为应用"喷溅"效果

2．喷色描边

使用图像的主导色，用成角的、喷溅的颜色线条重新绘画图像。对话框如图 8-67 所示。

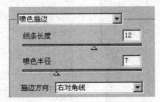

图 8-67　"喷色描边"对话框

- 线条长度：调节勾画线条的长度。
- 喷色半径：形成喷溅色块的半径。
- 描边方向：控制喷色的走向，共有四种方向，垂直、水平、左对角线和右对角线。

效果如图 8-68 所示。

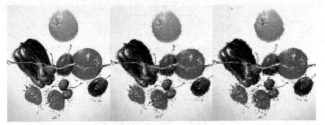

图 8-68　左图为原图，中图为应用喷色描边的右对角度方向，右图为应用喷色描边的垂直方向

3．强化的边缘

将图像的色彩边界进行强化处理。设置较高的边缘亮度值，将增大边界的亮度；设置较低的边缘亮度值，将降低边界的亮度。对话框如图 8-69 所示。

图 8-69　"强化边缘"对话框

- 边缘宽度：设置强化的边缘的宽度。
- 边缘亮度：控制强化的边缘的亮度。

 提示：强化边缘滤镜，设置高值时，强化效果类似白色粉笔；设置低值时，强化效果类似黑色油墨。

● 平滑度：调节被强化的边缘，使其变得平滑。

效果如图 8-70 所示。

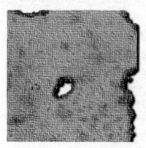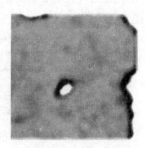

图 8-70　左图为原图，右图为应用强化边缘效果

4．成角的线条

使用成角的线条重新绘制图像。用一个方向的线条绘制图像的亮区，用相反方向的线条绘制暗区。对话框如图 8-71 所示。

《试题汇编》7.11
题使用此滤镜。

图 8-71　"成角线条"对话框

● 方向平衡：可以调节向左下角和右下角勾画的强度。

● 描边长度：控制成角线条的长度。

● 锐化程度：调节勾画线条的锐化度。

效果如图 8-72 所示。

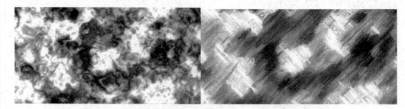

图 8-72　左图为原图，右图为应用成角线条效果

5．深色线条

用短的线条绘制图像中接近黑色的暗区，用长的白色线条绘制图像中的亮区。对话框如图 8-73 所示。

图 8-73 "深色线条"对话框

● 平衡：控制笔触的方向。
● 黑色强度：控制图像暗区线条的强度。
● 白色强度：控制图像亮区线条的强度。
效果如图 8-74 所示。

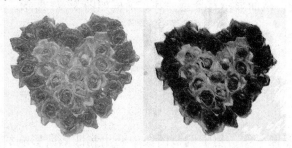

图 8-74 左图为原图，右图为应用深色线条效果

6．阴影线

保留原图像的细节和特征，同时使用模拟的铅笔阴影线添加纹理，并使图像中彩色区域的边缘变粗糙。对话框如图 8-75 所示。

图 8-75 "阴影线"对话框

● 线条长度：控制线条的长度。
● 锐化程度单元格：控制图像的锐化程度。
● 强度：控制线条的次数，范围为 1 ~ 3。
效果如图 8-76 所示。

提示："强度"选项（使用值 1 ~ 3）确定使用阴影线的遍数。

图 8-76 左图为原图，右图为应用阴影线效果

8.10　素描类滤镜

注意：此类滤镜不能应用在CMYK和Lab模式下。

素描滤镜将纹理添加到图像上可获得 3D 效果，此滤镜还适用于创建美术或手绘外观。许多素描滤镜在重绘图像时使用前景色和背景色。

1. 便条纸

模拟纸浮雕的效果。其结果与结合使用"风格化">"浮雕效果"和"纹理">"颗粒"滤镜的效果相同。图像的暗区显示为纸张上层中的洞，从而显示背景色。其对话框如图 8-77 所示。

图 8-77　"便条纸"对话框

● 图像平衡：用于调节图像中凸出和凹陷所影响的范围。凸出部分用前景色填充，凹陷部分用背景色填充。

● 粒度：控制图像中添加颗粒的数量。

● 凸现：调节颗粒的凹凸效果。

效果如图 8-78 所示。

图 8-78　左图为原图，右图为应用便条线效果

2. 半调图案

在保持连续的色调范围的同时，模拟半调网屏的效果。其对话框如图 8-79 所示。

提示：图像的暗部映射为前景色，亮部映射为背景色。

图 8-79　"半调图案"对话框

- 大小：可以调节图案的尺寸。
- 对比度：可以调节图像的对比度。
- 图案类型：包含圆形、网点和直线三种图案类型。

效果如图 8-80、图 8-81、图 8-82 所示。

图 8-80　半调图案的圆形效果　　图 8-81　半调图案的网点效果

图 8-82　　半调图案的直线效果

3．图章

图像的暗部映射为前景色，亮部映射为背景色。简化图像，使之呈现图章盖印的效果，其对话框如图 8-83 所示。

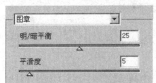

图 8-83　"图章"对话框

提示：图章滤镜用于黑白图像时效果最佳。

- 明／暗平衡：调节图像的对比度。
- 平滑度：控制图像边缘的平滑程度。

效果如图 8-84 所示。

图 8-84　左图为原图，右图为应用图章效果

按 3D 塑料效果塑造图像。

4．塑料效果

模拟塑料浮雕效果，并使用前景色和背景色为结果图像着色。暗区凸起，亮区凹陷。如图 8-85 所示。

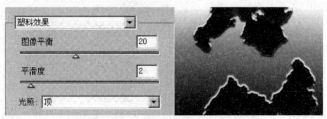

图 8-85　"塑料效果"对话框和效果

- 图像平衡：控制前景色和背景色的平衡。
- 平滑度：控制图像边缘的平滑程度。
- 光照方向：确定图像的受光方向。

5．撕边

提示：撕边滤镜对于由文字或高对比度对象组成的图像尤其有用。

重建图像，使之呈粗糙、撕破的纸片状，然后使用前景色与背景色给图像着色。其对话框如图 8-86 所示。

图 8-86　"撕边"对话框

- 图像平衡：控制前景色和背景色的平衡。
- 平滑度：控制图像边缘的平滑程度。
- 对比度：用于调节结果图像的对比度。

效果如图 8-87 所示。

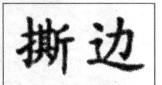

图 8-87　左图为原图，右图为应用撕边效果

6．水彩画纸

利用有污点的、像画在潮湿的纤维纸上的涂抹，使颜色流动并

混合。其对话框如图 8-88 所示。

图 8-88 "水彩画纸"对话框

提 示：水 彩
画纸滤镜与前景色、
背景色无关。

- 纤维长度：为勾画线条的尺寸。
- 亮度：控制图像的亮度。
- 对比度：控制图像的对比度。

效果如图 8-89 所示。

图 8-89 左图为原图，右图为应用水彩画笔效果

7. 炭笔

重绘图像，产生色调分离的、涂抹的效果。主要边缘以粗
线条绘制，而中间色需要调用对角描边进行素描。其对话框如图
8-90 所示。

图 8-90 "炭笔"对话框

提 示：炭 笔
是前景色，纸张是
背景色。

- 炭笔粗细：勾画线条的尺寸。
- 细节：重绘的精度。
- 明暗平衡：控制图像的色调的比例。

效果如图 8-91 所示。

图 8-91　左图为原图，右图为应用炭笔效果

提示：重绘
高光和中间调，并
使用粗糙粉笔绘制
纯中间调的灰色背
景。阴影区域用黑
色对角炭笔线条替
换。

8．粉笔和炭笔

创建类似炭笔素描的效果。粉笔绘制图像背景，炭笔线条勾画
暗区。粉笔绘制区应用背景色，炭笔绘制区应用前景色。其对话框
如图 8-92 所示。

图 8-92　"粉笔和炭笔"对话框

- 炭笔区：控制炭笔区的勾画范围。
- 粉笔区：控制粉笔区的勾画范围。
- 描边压力：控制图像勾画的对比度。

效果如图 8-93 所示。

图 8-93　左图为原图，右图为应用炭笔效果

9．绘图笔

使用细的、线状的油墨描边以获取原图像中的细节，多用于对
扫描图像进行描边，如图 8-94 所示。

图 8-94　"绘图笔"对话框

- 线条长度：决定线状油墨的长度。
- 明 / 暗平衡：用于控制图像的对比度。
- 描边方向：为油墨线条的走向。

效果如图 8-95 所示。

图 8-95　左图为原图，右图为应用绘画笔效果

 提示：绘画笔滤镜使用前景色作为油墨，并使用背景色作为纸张，以替换原图像中的颜色。

10．铬黄

用于将图像处理成银质的铬黄表面效果。亮部为高反射点，暗部为低反射点。此滤镜与前景色、背景色无关。对话框如图 8-96 所示。

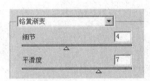

图 8-96　"铬黄"对话框

- 细节：控制细节表现的程度。
- 平滑度：控制图像的平滑度。

效果如图 8-97 所示。

 提示：应用铬黄滤镜后，使用"色阶"对话框可以增加图像的对比度。

图 8-97　左图为原图，右图为应用铬黄并颜色叠加效果

8.11　纹理类滤镜

纹理滤镜为图像创造各种纹理材质，使图像表面具有深度感或物质感。

1．拼缀图

用于将图像分解为用图像中该区域的主色填充的正方形。此滤镜随机减小或增大拼贴的深度，以模拟高光和暗调。对话框如图8-98所示。

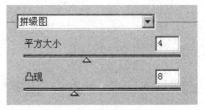

图 8-98　"拼缀图"对话框

● 平方大小：设置方型图块的大小。

● 凸现：调整图块的凸出的效果。

效果如图8-99所示。

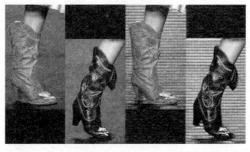

图 8-99　左图为原图，右图为背景应用拼缀图效果

2．染色玻璃

用于将图像重新绘制成彩色玻璃效果，边框由前景色填充。对话框如图 8-100 所示。

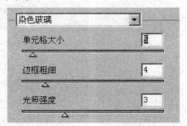

图 8-100　"染色玻璃"对话框

> "纹理"滤镜添加物质的外观或一种器质感。

> 将图像重新绘制为用前景色勾勒的单色的相邻单元格。

- 单元格大小：调整单元格的尺寸。
- 边框粗细：调整边框的尺寸。
- 光照强度：调整由图像中心向周围衰减的光源亮度。

效果如图 8-101、图 8-102 所示。

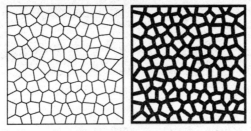

图 8-101　应用染色玻璃中不同边框粗细效果

图 8-102　应用染色玻璃的纹理效果

3．纹理化

将图像直接应用选择的纹理。对话框如图 8-103 所示。

图 8-103　"纹理化"对话框

光照包括8个方向。

- 纹理：可以从砖形、粗麻布、画布和砂岩中选择一种纹理，也可以载入其他纹理。
- 缩放：改变纹理的尺寸。
- 凸现：调整纹理图像的深度。
- 光照：调整图像的光源方向。
- 反相：反转纹理表面的亮色和暗色。

效果如图 8-104 所示。

图 8-104　左图为原图，右图为应用纹理化的效果

4．颗粒

模拟不同的颗粒（常规、软化、喷洒、结块、强反差、扩大、点刻、水平、垂直和斑点）纹理添加到图像的效果，如图 8-105 所示。

提示：通过模拟各种颗粒的方式产生纹理效果。

图 8-105　"颗粒"对话框和应用效果

- 强度：调节纹理的强度。
- 对比度：调节结果图像的对比度。
- 颗粒类型：可以选择不同的颗粒。

5．马赛克拼贴

使图像看起来由小的碎片拼贴组成，而且图像灌浆拼缝，呈现出浮雕效果。对话框如图 8-106 所示。

提示："像素化" > "马赛克"滤镜将图像分解成各种颜色的像素块。

图 8-106　"马赛克拼贴"对话框

- 拼贴大小：调整拼贴块的尺寸。
- 缝隙宽度：调整缝隙的宽度。
- 加亮缝隙：对缝隙的亮度进行调整，从而起到在视觉上改变了缝隙深度的效果。

效果如图 8-107 所示。

图 8-107 马赛克拼贴和马赛克效果

6. 龟裂缝

根据图像的等高线生成精细的纹理。此滤镜可以对包含多种颜色值或灰度值的图像创建浮雕效果。如图 8-108 所示。

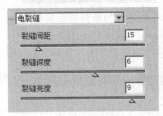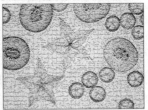

图 8-108 对话框和"龟裂缝"效果

- 裂缝间距：调节纹理的凹陷部分的尺寸。
- 裂缝深度：调节凹陷部分的深度。
- 裂缝亮度：通过改变纹理图像的对比度来影响浮雕的效果。

8.12 艺术效果类滤镜

艺术效果滤镜模拟天然或传统的艺术效果，为美术或商业项目制作绘画效果或特殊效果。此组滤镜不能应用于 CMYK 和 Lab 模式的图像。

1. 塑料包装

给图像涂上一层光亮的塑料，以强调表面细节。对话框如图 8-109 所示。

图 8-109 "塑料包装"对话框

 提示：将图像绘制在一个高凸现的石膏表面上，以循着图像等高线生成精细的网状裂缝。

 提示：艺术效果类滤镜模仿自然或传统介质效果。可以通过"滤镜库"来应用所有"艺术效果"滤镜。

《试题汇编》7.14
题造型使用到塑料
包装滤镜。

- 高光强度：调节高光的强度。
- 细节：调节绘制图像细节的程度。
- 平滑度：控制发光塑料的柔和度。

效果如图 8-110 所示。

图 8-110　左图为原图，右图为应用塑料包装效果

2．壁画

使用小块的颜料来粗糙地绘制图像。其对话框如图 8-111 所示。

图 8-111　"壁画"对话框

　提示：使用
短而圆的、粗略涂
抹的小块颜料，以
一种粗糙的风格绘
制图像。

- 画笔大小：设置颜色块的尺寸。
- 画笔细节：调节绘制图像细节的程度。
- 纹理：控制绘制时的纹理细节。

效果如图 8-112 所示。

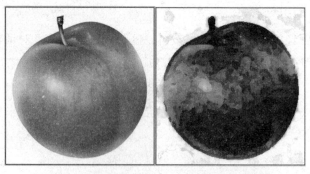

图 8-112　左图为原图，右图为应用壁画效果

3．底纹效果

模拟选择的纹理与图像相互融合在一起的效果。其对话框如图 8-113 所示。

图 8-113 "底纹效果"对话框

提示：在带纹理的背景上绘制图像，然后将最终图像绘制在该图像上。

● 画笔大小：控制结果图像的亮度。
● 纹理覆盖：控制纹理与图像融合的强度。
● 纹理：可以选择砖形、画布、粗麻布和砂岩纹理或是载入其他的纹理。
● 缩放：控制纹理的缩放比例。
● 凸现：调节纹理的凸起效果。
● 光照方向：选择光源的照射方向。
● 反相：反转纹理表面的亮色和暗色。

效果如图 8-114 所示。

图 8-114 左图为原图，中图为砖形效果，右图为砂岩纹理的底纹效果

提示：保留重要边缘，外观呈粗糙阴影线；纯色背景色透过比较平滑的区域显示出来。

4．彩色铅笔

使用彩色铅笔在纯色背景上绘制图像。其对话框如图 8-115 所示。

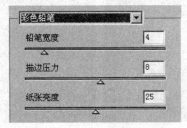

图 8-115 "彩色铅笔"对话框

提示：要制作羊皮纸效果，可在将"彩色铅笔"滤镜应用于选中区域之前更改背景色。

- 铅笔宽度：调节铅笔笔触的宽度。
- 描边压力：调节铅笔笔触绘制的对比度。
- 纸张亮度：调节笔触绘制区域的亮度。

效果如图 8-116 所示。

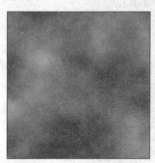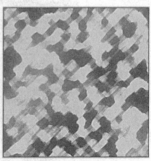

图 8-116　左图为原图，右图为应用彩色铅笔效果图

5．海报边缘

减少图像中的颜色数量（色调分离），并查找图像的边缘，在边缘上绘制黑色线条。对话框如图 8-117 所示。

图 8-117　"海报边缘"对话框

 提示：图像中大而宽的区域有简单的阴影，而细小的深色细节遍布图像。

- 边缘厚度：调节边缘绘制的柔和度。
- 边缘强度：调节边缘绘制的对比度。
- 海报化：控制图像的颜色数量。

效果如图 8-118 所示。

图 8-118　左图为原图，右图为应用海报边缘效果

6．海绵

使用颜色对比强烈、纹理较重的区域创建图像，使图像看上去好像是用海绵绘制的。其对话框如图 8−119 所示。

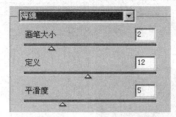

图 8−119　"海绵"对话框

- 画笔大小：调节色块的大小。
- 定义：调节图像的对比度。
- 平滑度：控制色彩之间的融合度。

效果如图 8−120 所示。

图 8−120　左图为原图，右图为海绵效果

7．霓虹灯光

模拟霓虹灯光照射图像的效果，图像背景将用前景色填充。其对话框如图 8−121 所示。

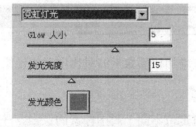

图 8−121　"霓虹灯光"对话框

- 发光大小：正值为照亮图像，负值是使图像变暗。

 提示：各种类型的灯光添加到图像中的对象上，用于在柔化图像外观时给图像着色。要选择一种发光颜色，单击发光框，并从拾色器中选择一种颜色。

- 发光亮度：控制亮度数值。
- 发光颜色：设置发光的颜色。

效果如图 8-122 所示。

图 8-122　左图为原图，右图为应用霓虹灯光效果

8．胶片颗粒

将平滑图案应用于图像的阴影色调和中间色调。将一种更平滑、饱合度更高的图案添加到图像的亮区。对话框和效果如图 8-123 所示。

- 颗粒：控制颗粒的数量。
- 高光区域：控制高光的区域范围。
- 强度：控制图像的对比度。

图 8-123　对话框和"胶片颗粒"效果

8.13　锐化类滤镜

锐化滤镜通过增加相邻像素的对比度来使模糊图像变清晰。

1．USM 锐化

按指定的阈值定位不同于周围像素的像素，并按指定的数量增加像素的对比度。USM 锐化滤镜可以用于校正摄影、扫描、重新取样或打印过程产生的模糊。其对话框如图 8-124 所示。

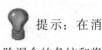

提示：在消除混合的条纹和将各种来源的图素在视觉上进行统一时，此滤镜非常有用。

提示："锐化"滤镜通过增加相邻像素的对比度来聚焦模糊的图像。

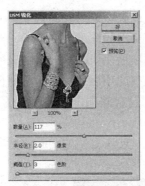

图 8-124　"USM 锐化"对话框

● 数量：确定增加像素对比度的数量。对于高分辨率的打印图像，建议使用 150% ～ 200% 之间的数量。

● 半径：确定边缘像素周围影响锐化的像素数目。对于高分辨率图像，建议使用 1 ～ 2 之间的半径值。

● 阈值：确定锐化的像素必须与周围区域相差多少，才被滤镜看做边缘像素并被锐化。为避免产生杂色，例如，带肉色调的图像，用 2 ～ 20 之间的阈值。默认的阈值 0 锐化图像中的所有像素。

2．锐化／进一步锐化

聚焦选区，提高其清晰度。进一步锐化滤镜比锐化滤镜应用更强的锐化效果。

3．锐化边缘

只锐化图像的边缘，同时保留总体的平滑度。

8.14　风格化类滤镜

风格化滤镜通过置换像素和提高图像的对比度，可以强化图像的色彩边界，在选区中生成绘制效果或印象派效果。

1．凸出

将图像分割为指定的三维立方块或棱锥体。此滤镜不能应用在 Lab 模式下。其对话框如图 8-125 所示。

图 8-125　"凸出"对话框

● 块：将图像分解为三维立方块，用图像填充立方块的正面。

● 金字塔：将图像分解为类似金字塔型的三棱锥体。

> 提示：锐化边缘和 USM 锐化查找图像中颜色发生显著变化的区域，然后将其锐化。"锐化边缘"滤镜只锐化图像的边缘，同时保留总体的平滑度。

赋予选区或图层一种 3D 纹理效果。

- 大小：设置块或金字塔的底面尺寸。
- 深度：控制块突出的深度。
- 随机：选中此项后使块的深度取随机数。
- 基于色阶：选中此项后使块的深度随色阶的不同而定。
- 立方体正面：勾选此项，将用该块的平均颜色填充立方块的正面。
- 蒙版不完整块：使所有块的突起包括在颜色区域。

效果如图 8-126 所示。

图 8-126　左图为原图，右图为应用凸出效果图

2．拼贴

将图像按指定的值分裂为若干个正方形的拼贴图块，并按设置的位移百分比的值进行随机偏移，如图 8-127 所示。

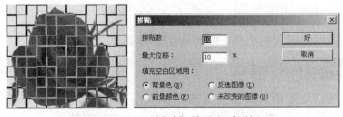

图 8-127　"拼贴"效果和对话框

- 拼贴数：设置行或列中分裂出的最小拼贴块数。
- 最大位移：为贴块偏移其原始位置的最大距离（百分数）。
- 背景色：用背景色填充拼贴块之间的缝隙。
- 前景色：用前景色填充拼贴块之间的缝隙。
- 反选图像：用原图像的反相色图像填充拼贴块之间的缝隙。
- 未改变图像：使用原图像填充拼贴块之间的缝隙。

3．曝光过度

使图像产生与原图像的反相进行混合的效果。此滤镜不能应用于 Lab 模式。效果如图 8-128 所示。

提示：使用前景色、图像色或图像反转色填充拼贴之间的区域。

提示：混合负片和正片图像，类似于显影过程中将摄影照片短暂曝光。

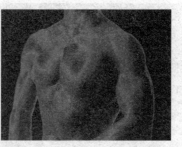

图 8-128 左图为原图，右图为应用"曝光过度"效果

4．查找边缘

用相对于白色背景的深色线条来勾画图像的边缘，得到图像的大致轮廓。效果如图 8-129 所示。

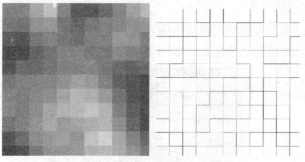

图 8-129 左图为原图，右图为应用 "查找边缘"效果

5．照亮边缘

使图像的边缘产生发光效果。此滤镜不能应用于 Lab、CMYK 和灰度模式。其对话框如图 8-130 所示。

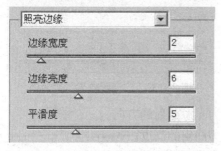

图 8-130 "照亮边缘"对话框

- 边缘宽度：调整被照亮的边缘的宽度。
- 边缘亮度：控制边缘的亮度值。
- 平滑度：平滑被照亮的边缘。

效果如图 8-131 所示。

提示：用显著转换标识图像区域，并突出边缘，这对生成图像周围的边界非常有用。

提示：标识颜色的边缘，并向其添加类似霓虹灯的光亮，照亮边缘滤镜可累积使用。

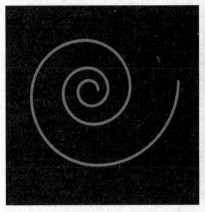

图 8-131　左图为原图，右图为应用照亮边缘效果

6．浮雕效果

通过将图像的填充色转换为灰色，并用原填充色描画边缘，从而使选区显得凸起或压低。如图 8-132 所示。

提示：在应用"浮雕"滤镜之后使用"渐隐"命令可保留颜色和细节。

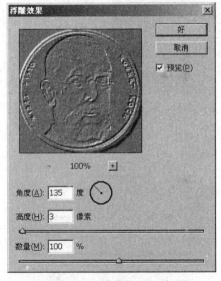

图 8-132　"浮雕效果"对话框

- 角度：为光源照射的方向。
- 高度：为凸出的高度。
- 数量：为颜色数量的百分比，可以突出图像的细节。

7．风

在图像中色彩相差较大的边界上增加细小的水平短线来模拟风的效果。其对话框如图 8-133 所示。

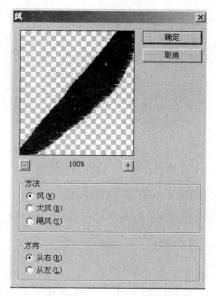

图 8-133　"风"对话框

"风""大风"(用于获得更生动的风效果)和"飓风"(使图像中的线条发生偏移)。

- 风：细腻的微风效果。
- 大风：比风效果要强烈的多，图像改变很大。
- 飓风：最强烈的风效果，图像已发生变形。
- 方向：风从左或右吹。

效果如图 8-134、图 8-135 所示。

图 8-134　原图　　　图 8-135　应用"风"并对称拼接效果

8.15　其他滤镜

Phothsop 允许创建自己的滤镜，使用滤镜修改蒙版，使选区在图像中发生位移，以及进行快速颜色调整。

1. 位移

按照输入的值在水平和垂直的方向上移动图像。其对话框如图 8-136 所示。

 提示：将选区移动指定的水平量或垂直量，而选区的原位置变成空白区域。可以用当前背景色、图像的另一部分或所选择内容进行填充。

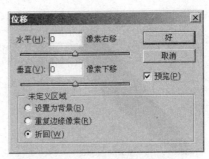

图 8-136   "位移"对话框

● 水平：控制水平向右移动的距离。
● 垂直：控制垂直向下移动的距离。

2. 最大值／最小值

提示：在指定半径内，"最大值"和"最小值"滤镜用周围像素的最高或最低亮度值替换当前像素的亮度值。

此滤镜对于修改蒙版非常有用。最大值可以扩大图像的亮区和缩小图像的暗区。当前的像素的亮度值将被所设定的半径范围内的像素的最大亮度值替换；最小值可以扩大图像的暗区和缩小图像的亮区，如图 8-137、图 8-138 所示。

● 半径：设定图像的亮区和暗区的边界半径。

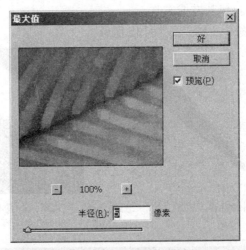

图 8-137   "最大值"对话框

图 8-138   左图为原图，中图为最大值，右图最小值效果

3．高反差保留

按指定的半径保留图像边缘的细节，并且不显示图像的其余部分（0.1 像素半径仅保留边缘像素）。此滤镜移去图像中的低频细节，效果与高斯模糊滤镜相反。

4．自定

根据预定义的数学运算更改图像中每个像素的亮度值，可以模拟出锐化、模糊或浮雕的效果。如图 8-139 所示。中心的文本框里的数字控制当前像素的亮度增加的倍数。

提示：在使用"阈值"命令或将图像转换为位图模式之前，将"高反差"滤镜应用于连续色调的图像将很有帮助。此滤镜对于从扫描图像中取出的艺术线条和大的黑白区域非常有用。

图 8-139　"自定"对话框

- 缩放：为亮度值总和的除数。
- 位移：为将要加到缩放计算结果上的数值。

8.16　样题解答

（1）打开素材文件夹下 Unit7\cup.jpg 和 water.psd 素材，如图 8-140 和图 8-141 所示。

图 8-140　酒杯素材

图 8-141　水浪素材

（2）选择水浪素材，执行"调整"＞"色相／饱和度"命令，调整设置和效果如图 8-142 所示。

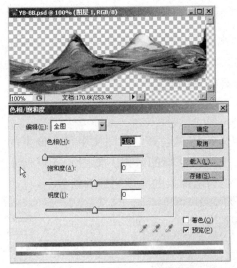

图 8-142　调整色相和饱和度

　　（3）将水浪素材移入酒杯素材内，合并两幅图像。执行"编辑"＞"变换"＞"缩放"命令，对水浪大小、角度和位置进行调整缩放，如图 8-143 所示。

图 8-143　调整水浪

　　（4）执行"滤镜"＞"液化"命令，选择"向前变形工具"，涂抹变形水浪成水流形状，如图 8-144 所示。

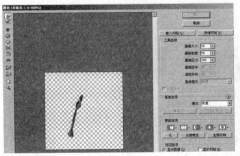

图 8-144　液化变形成水流状

（5）使用涂抹工具、加深工具、模糊工具、锐化工具，涂抹水流的高光、阴影色调区域，如图 8-145 所示。执行"滤镜"＞"模糊"＞"高斯模糊"命令，进行模糊处理。

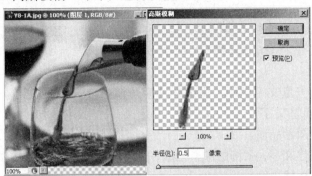

图 8-145　水流色调修饰处理

（6）复制部分酒杯边缘，掩盖葡萄酒水流，效果如图 8-146所示。

图 8-146　葡萄酒流出效果

　　文字是由数学定义形状组成的矢量图形，描述了字母、数字与符号。文字可用于多种格式，最常用的格式有 Type1（又称 PostScript 字体）、TrueType 和 Open-Type。

　　Photoshop 可输入矢量文字轮廓，生成的文字可以带有清晰的、与分辨率无关的边缘；可缩放文字、调整文字大小、存储为 PDF 或 EPS 文件，或将图像打印到 PostScript 打印机时保持图形品质。

　　也可为图像添加栅格化文字，字符由像素组成，且与图像文件具有相同的分辨率。此时字符放大后会显示锯齿状边缘。

　　Photoshop 提供的各种工具和命令，尤其是图层的效果样式及各种滤镜的使用，可以使文字产生很多特效。

　　本章主要技能考核点：

- 输入文字；
- 文字蒙版；
- 文字编辑；
- 文字变形；
- 文字与路径（从文字生成路径，在路径上输入文字）；
- 位图与形状间的转换。

　　评分细则：

　　本章有 4 个基本点，每题考核 4 个基本点，每题 10 分。

序号	评分点	分值	得分条件	判分要求
1	输入文字	2	按照要求输入文字	不正确不得分
2	文字编辑	3	按照要求编辑文字	效果不正确不得分
3	文字变形	3	按照要求处理文字	形状不正确不得分
4	添加装饰	2	根据要求装饰效果	允许一定的创意发挥

　　本章导读：

　　如上所述，我们明确了本章所要求掌握的技能考核点以及对应《试题汇编》单元的评分点、得分条件和判分要求等。下面我们先在"样题示例"中展示《试题汇编》中一道关于制作广告文字的真实试题，并在"样题分析"中对如何解答这道试题进行分析，然后通过一些案例来详细讲解本章中涉及到的技能考核点，最后通过"样题解答"来讲解"制作广告文字"这道试题的详细操作步骤。

9.1　样题示例

操作要求

制作文字效果，如图 9-1 所示。

图 9-1　效果图

样题示范

练习目的：从《试题汇编》第八单元中选取的样题，由此观察体会本章题目类型。了解本章对学习内容的要求。

素材来源：《试题汇编》第八单元素材 logo.jpg。

（1）输入文字：分别输入 Arial Narrow 字体、25 点大小的绿色（#669f58）字符"COEUR DES VINS"。

黑体、12 点大小的 50% 黑色字符"自然清香 香浓醇正 温和圆润 滑润芳香 香味持久不散 ..."。

Comic sans ms 字体、60 点大小的黑色"红葡萄酒"字符。

（2）文字编辑：添加阴影或图层样式立体化。

（3）文字变形：将"自然清香 香浓醇正 温和圆润 滑润芳香 香味持久不散 ..."字符跟随路径起伏变化。将"红葡萄酒"字符变形处理。

作品内容：通过使用样式文字、艺术变形文字与 logo 组成一个广告作品。

（4）添加装饰：合成素材文件夹下 Unit8\logo.jpg 图标素材，如图 9-2 所示。

将最终结果以 X8-20.psd 为文件名保存在考生文件夹中。

图 9-2　酒桶标志

9.2　样题分析

本题是关于文字输入、文字编辑和文字效果的题目。

解题和创作思路，所使用的技能要点。

首先根据题目要求输入相应的文字，编辑字体、字号、位置和颜色等。

然后结合图层样式和路径制作各种文字效果。

最后与其他图像结合，形成完整的作品。

由此可以看出文字与路径、图层、蒙版和滤镜等结合可以形成各种特殊效果。

9.3 使用文字工具

因为文字有时称为文本，所以文字工具有时也被称为文本工具。文字工具共有 4 个，分别是横排文字工具 **T**、直排文字工具 **IT**、横排文字蒙版工具、直排文字蒙版工具。下面介绍典型的横排文字工具。

1. 输入文字

（1）选择横排文字工具，在文件中单击，为文字设置插入点。进入文字方式输入状态，输入文字内容，在文字工具选项栏中设置文字字体为 Impact，字号为 62，其他为默认，如图 9-3 所示。若要结束输入，可按 Ctrl+ 回车或单击选项栏提交按钮。

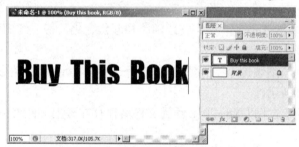

图 9-3　输入文字

注意：即使文字层处在编辑状态，并且只选择其中一些文字，更改方向（改变方向）选项还是将改变该层所有文字的方向。也就是说，这个选项不能针对个别字符。

（2）Photoshop 将文字以独立图层的形式存放，输入文字将自动建立一个文字图层，图层名称就是文字的内容。文字图层具有和普通图层一样的性质，如图层混合模式、不透明度等，也可以使用图层样式，图 9-4 所示为添加图层样式效果。

图 9-4　文字图层样式

（3）如果要更改已输入文字内容，选择文字工具，将光标放置在文字处，光标转换为插入点"I"时，进入文字编辑状态。编辑文字方法与通常文字编辑软件（如 Word）相似。选择字符单独更改相关设定，如图 9-5 所示，分别为单个单词更改颜色。

Buy This Book

图 9-5　更改字符颜色

2．文本选区

使用"蒙版文字"工具 TT，可以创建文字形状选区。该选区可像其他选区一样移动、复制、填充或描边。文字选区在现用工作图层中，不建立文字矢量图层。

（1）选择蒙版文字工具 TT，设置字体、字号，输入文字，文字呈现蒙版状态，文字选区呈现白色，其他区域被蒙版所遮盖，如图 9-6 所示。

（2）在选项栏中单击确定按钮 ✔，文字选区直接出现在图像现用图层上，如图 9-7 所示。

（3）可以对文字选区进行编辑，如羽化、填充、描边等，如图 9-8 所示。

图 9-6　输入蒙版状态 　　图 9-7　形成文字选区 　　图 9-8　选区编辑效果

文字工具选项栏如图 9-9 所示。

图 9-9　文字工具选项栏

● 改变方向：决定文字横排还是直排。其实选用横排文字工具还是直排文字工具都无所谓，因为随时可以通过这个"改变方向"按钮切换文字排列的方向。使用时文字不必处在编辑状态，只需激活当前图层即可。

● 字体：在字体选项中可以选择使用何种字体，不同的字体有不同的风格。Photoshop 使用操作系统带有的字体，因此对操作系统字库的增减会影响 Photoshop 能够使用的字体。

注意：如果选择英文字体，可能无法正确显示中文。因此输入中文时应使用中文字体。Windows 系统默认附带的中文字体有宋体、黑体、楷体等。可以为文字层中的单个字符指定字体。如果在字体列表中找不到中文字体的名称，在 Photoshop 首选项的"文字"项目中，取消"以英文显示字体名称"选项（Photoshop CS 及更早版本位于"常规"项目中），如图 9-10 所示。另外可以选择在字体列表中是否出现预览文字（Photoshop CS 及更早版本不具备此功能）。

图 9-10　Photoshop 首选项文字选项

● 字体样式：有 4 种，Regular（标准）、Italic（倾斜）、Bold（加粗）、BoldItalic（加粗并倾斜）。可以为同在一个文字层中的每个字符单独指定字体形式，如图 9-11 所示。并不是所有的字体都支持更改形式，大部分中文字体都不支持。不过可以在字符调板中实现更改。

图 9-11　字体形式

提示：作为网页设计来说，应该使用像素单位。如果是印刷品的设计，一般使用传统长度单位。

● 字体大小：字号列表中有常用的几种字号，也可通过手动自行设定字号。字号的单位有"像素""点""毫米"，可在 Photoshop 首选项（快捷键 CTRL+K）的"单位与标尺"项目中更改，如图 9-12 所示。

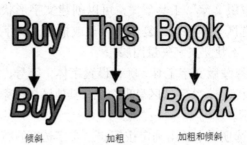

图 9-12　设定字号度量单位

● 抗锯齿选项：控制字体边缘是否带有羽化效果。对于大字号开启该选项可得到光滑的边缘，文字看起来较为柔和。但对于较小的字号抗锯齿可能造成阅读困难，如图 9-13 所示。这是因为较小的字体笔画较细，在较细的部位羽化就容易丢失细节，此时关闭抗锯齿选项更有利于清晰地显示文字。该选项对文字层整体有效。

图 9-13　应用抗锯齿选项

对齐方向：左对齐、居中对齐或右对齐，对于多行文字内容尤为有用。图 9-14 所示为左对齐、居中对齐和右对齐效果。可以在同一文字层中指定不同的对齐方式。如果文字方向为直排，对齐方式将变为顶对齐、居中对齐、底对齐。

图 9-14　对齐方向

● 颜色选项：改变文字的颜色，可以针对单个字符。
● 变形功能可以令文字产生各种奇异的变形效果。变形样式及设置如图 9-15 所示，效果如图 9-16 所示。

图 9-15　"变形文字"对话框　　图 9-16　文字变形效果

9.4　文字调板

在修改文字或段落格式之前必须先选择改变的对象，可以在文字图层中选择一个文字、某个范围内的文字或所有文字。

1．字符调板

字符调板如图 9-17 所示。可以对文字设定更多的选项。在实际使用中可在选项栏中更改选项，也可通过字符调板完成对文字的调整。其中的字体、字体形式、字号、颜色、抗锯齿选项就不重复介绍了。

注意：如果设置单独字符的颜色，在选择文字层时公共栏中的颜色缩览图将显示为 ? 。

注意：变形只能针对整个文字图层而不能单独针对某些文字。如果要制作多种文字变形混合的效果，可以通过将文字分次输入到不同文字层，然后分别设定变形的方法来实现。

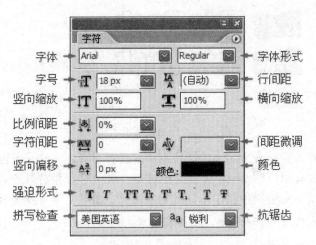

图 9-17 字符调板

注 意：

其中的 为亚洲文本选项，需要在 Photoshop 首选项（快捷键 Ctrl+K）的常规选项中开启"显示亚洲文本选项"才会出现。

● 拼写检查：针对不同的语言设置连字和拼写规则，连字和拼写规则对于中文是没有意义的。因为汉字为单体结构，即一个汉字字符已携带完整含义，而字母系语言需要多个字符组合才能携带完整含义。

● 行间距：控制文字行之间的距离，若设为自动，间距将会跟随字号的改变而改变，若为固定的数值时则不会。因此如果手动指定了行间距，在更改字号时一般也要再次指定行间距。如果间距设置过小就可能造成行与行的重叠。如图 9-18 所示自动行距与指定 12 像素行间距的效果。如果有重叠发生，下一行文字将会遮盖上一行。

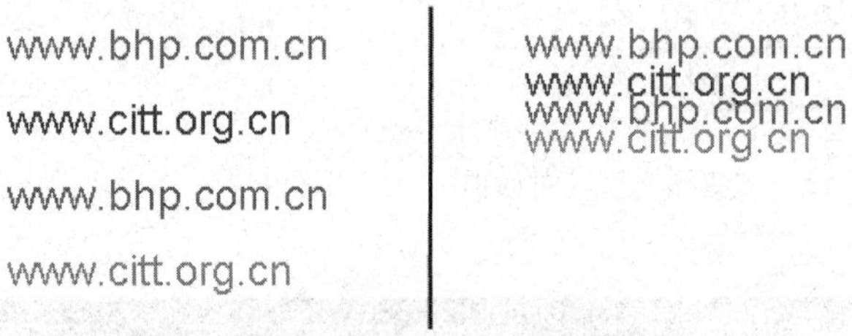

www.bhp.com.cn

www.citt.org.cn

www.bhp.com.cn

www.citt.org.cn

www.bhp.com.cn
www.citt.org.cn
www.bhp.com.cn
www.citt.org.cn

图 9-18 行间距的设定

● 竖向（横向）缩放：竖向缩放相当于将字体变高或变矮，横向缩放相当于将字体变胖或变瘦。数值小于 100% 为缩小，大于 100% 为放大。如图 9-19 所示分别为标准、竖向 50%、横向 50% 效果。

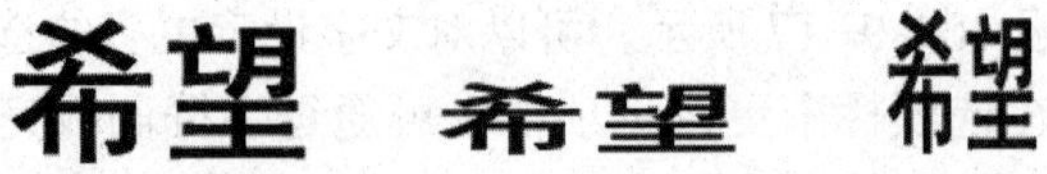

希望 希望 希望

图 9-19 竖向（横向）缩放

● 比例间距和字符间距：更改字符与字符之间的距离，但原理和效果却不相同。如图 9-20 左图所示，整个文字的宽度是由字符本身的字宽与字符之间的距离构成的。如图 9-20 中 mp 之间与 pl 之间的疏密就不同。字符间距选项对所有字距增加或减少一个相同的数量。如图 9-20 右图所示，将字符间距减去 100，字符就互相靠拢了。

图 9-20　比例间距和字符间距

● 间距微调选项：调整两个字符之间的距离，使用方法与字符间距选项相同。但其只能针对某两个字符之间的距离有效。因此只有当文本输入光标置于字符之间时，这个选项才能使用。

● 竖向偏移（也称基线偏移）：是将字符上下调整，常用来制作上标和下标。正数为上升，负数为下降。一般来说，作为上下标的字符应使用较小的字号，如图 9-21 所示。

图 9-21　竖向偏移效果

2. 段落调板

使用"段落"调板可设置应用于整个段落的选项，例如对齐、缩进和文字行间距。对于点文字状态每行是一个单独的段落。对于段落文字一段可能有多行，具体视定界框的尺寸而定。

选择文字工具**T**，单击选项栏调板按钮，单击"段落"选项卡，如图 9-22 所示。

图 9-22　段落调板

可以看到有 7 种对齐方式（居左对齐、居中对齐、居右对齐、末行居左、末行居中、末行居右、全部对齐），后 4 种对齐方式只对文本输入的段落文字有效。

段落调板对段落的缩进和边距进行调整。

提 示：间距选项总是应用于整个段落。要调整几个字符而非整个段落的间距，可使用"字距调整"选项。

提示：路径上文字的对齐（右对齐、居中对齐、左对齐和全部对齐）从插入点开始，在路径末尾结束。

- ：缩进左边距可以使文本左缩进。
- ：缩进右边距可以使文本右缩进。
- ：首先缩进每段文本的第一行，与缩进左边距选项是相关的。
- ：段前加空格可以在每段文本前添加附加的空格。
- ：段后加空格可以在选定的段落后添加附加的空格。
- 避头尾法则：中文对于行首和行尾可以使用的标点是有限制的，在输入过程中刻意去遵照这些规定是很难的。可以通过段落调板中的"避头尾法则设置"对输入的文字遵照避头尾法则。

9.5 文字排版

之前输入文字的方式可以称为行（点）式文本，特点就是单行输入，换行需要手动回车。如果不手动换行，文字将一直以单行排列下去，甚至超出图像边界。

在大多数排版中，较多的文字都是以区域的形式排版的，也就是段落排版，输入段落文字时，文字基于定界框的尺寸会自动换行；可输入多个段落并选择段落对齐选项；可以调整定界框的大小，也可以使用定界框旋转、缩放和斜切文字。

技巧：在调整文字块时，按 Ctrl 键类似自由变换命令，可以对文字的大小和形态进行修改。按 Ctrl 键拖拉下方的控制点可产生压扁效果。对其他控制点操作可以产生倾斜效果。

1．段落排版

（1）选择文字工具 **T**。

（2）按下鼠标左键不放并沿对角线方向拖移，形成文字边框，进入段落文字输入状态，输入所需的内容，自动换行，如图 9-23 所示。如果文字超出定界框所能容纳的范围，定界框上将出现一个溢出图标 田。

（3）光标定位在手柄上转变为双向箭头可进行缩放；光标位在定界框外变为弯曲双箭头可进行旋转操作；按住 Ctrl+Shift 键拖移边手柄，光标将变为实心箭头可进行斜切，如图 9-24 所示。

注意：自由变换命令也可以令文字块产生相同的效果。但不能使用透视和扭曲选项，否则需要转换文字路径。

图 9-23　段落文字状态

图 9-24　变换形状效果

2．点文字与段落文字转换

可以将点文字转换为段落文字，在定界框中调整字符排列。也可以将段落文字转换为点文字，使各文本行彼此独立排列。

（1）在"图层"调板中选择文字图层。

（2）执行"图层"＞"文字"＞"转换为点文字"或"图层"＞"文字"＞"转换为段文字"命令即可。

注意：将段落文字转换为点文字时，所有溢出定界框的字符都被删除。若要避免丢失文本，需调整定界框，使全部文字在转换前都显示。

9.6 文字图层

文字图层在 Photoshop 中是一个特殊的图层，可以编辑文字并对其应用图层命令。

执行"图层"＞"文字"命令，即可弹出文字图层子菜单，如图 9-25 所示。

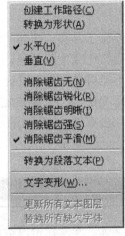

图 9-25　文字图层菜单

可以更改文字方向、应用消除锯齿、在点文字与段落文字之间转换、将文本置于路径或图形内、基于文字创建工作路径或将文字转换为形状。可以像处理正常图层那样移动、重新叠放、拷贝和更改文字图层选项，也可以对文字图层做以下更改并仍为矢量文字能够编辑。

● 应用"编辑"菜单中的变换命令，"透视"与"扭曲"除外（若要应用"透视"与"扭曲"命令或要变换部分文字图层，必须栅格化文字图层）。

● 使用图层样式。

● 使用填充快捷键。若要用前景色填充，按 Alt+Backspace 组合键；若要用背景色填充，按 Ctrl+Backspace 组合键。

● 变形文字以适应多种形状。

1．基于文字创建工作路径

Photoshop 使用"创建工作路径"命令可以将基于文字轮廓的形状当作矢量图形来处理，转换后的矢量图叫做工作路径。转换后的文字图层保持不变，可以当文字继续编辑。

注意：不能转换位图字体的图层来创建形状或工作路径。

将文字图层创建路径的方法只需选择文字图层，并执行"图层"＞"文字"＞"创建工作路径"命令即可。

2．将文字图层转换为形状图层

Photoshop 将文字转换为形状时，文字图层被替换为具有矢量蒙版的图层。可以编辑矢量蒙版并对图层应用样式；转换为形状图层后，文字将无法再编辑。将文字图层转换为形状的方法只需选择文字图层，并执行"图层"＞"文字"＞"转换为形状"命令。

3．栅格化文字图层

Photoshop 滤镜、绘画工具和"扭曲""透视"命令不适用于文字图层。必须将文字栅格化成位图处理，将文字图层转换为普通图层。栅格化后的文字不能再当作文字进行文字格式编辑。

选择文字图层，执行"图层"＞"栅格化"＞"文字"命令即可。

或者在文字图层上点击右键，在弹出的快捷菜单中选择"栅格化图层"。

9.7 路径文本

除了以上排列方式之外，文字还可以依照路径来排列。在开放路径上可形成类似行式的文本效果，如图 9-26 所示为呈波浪形排列的文字。还可以将文字排列在封闭的路径内，这样可以形成类似框式文本的效果，如图 9-27 所示。

提示：为了更大程度地控制文字在路径上的垂直对齐方式，可使用"字符"调板中的"基线偏移"选项。例如，在"基线偏移"文本框中键入负值可使文字的位置降低。

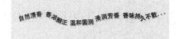

图 9-26　开放形路径文字　　　图 9-27　封闭形路径文字

1．文本绕图

（1）选择"心"自定形状工具，如图 9-28 所示。按 Shift 键，绘制一个心形。图层调板中形成色彩填充形状图层。双击缩略图可以更改填充颜色，图层缩略图右侧是矢量蒙版缩略图，特点是以灰色来表示被隐藏的区域。

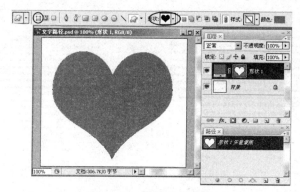

图 9-28　绘制心形形状

（2）在路径调板单击路径蒙版缩略图，选择路径蒙版路径，选择文本文字工具，将光标移到路径上，依据停留位置的不同，鼠标的光标会有不同的变化。当光标停留在图形之内，光标转变为 I，表示在封闭区域内排版文字，如图 9-29 所示；当光标停留在路径之上时，光标变化为 I，表示沿着路径走向排列文字，如图 9-30 所示。

图 9-29　封闭区域内排版文字　　图 9-30　沿着路径走向排列文字

（3）设置文字在封闭区域排版：将文字工具停留在心形之内，输入一些文字，使其充满整个图形。文字在图形内的排列并不对称，在段落调板中设置居中，并适当设置左缩进和右缩进的数值（如 5px），效果如图 9-31 所示。

图 9-31　文字在封闭区域排版

（4）隐藏（甚至可以删除）心形形状图层，在文字外围仍然保留有一条封闭路径，如图 9-32 所示。可以用"直接选择工具"对路径进行修改，从而改变文字的排版布局，如图 9-33 所示。

练习目的：学习文本与路径的关系。

提示：也可使用"图层">"创建剪贴蒙版"，用图像或颜色填充文字。

《试题汇编》8.19 题应用文本与路径制作。

注意：不要误认为要将文字在路径上排版，就一定要用形状工具建立一个带矢量蒙版的色彩填充层，实际上只要当前图像中有路径处于显示状态就可以。

图 9-32　显示封闭路径　　　　图 9-33　调整路径

注意：进行路径文字排版前，必须要有一条路径（基础路径）处于显示状态。可以通过手动绘制路径，或利用现有图层中的矢量部分（如某图层的矢量蒙版）。

（5）设置文字沿路径排版：将文字图层隐藏，单击形状图层的矢量蒙版，使其路径处于显示状态。将文字工具停留在路径的线条上，注意光标变化为 I，单击即可输入文字，设置字体和字号，可以形成沿路径走向排列的文字效果，如图 9-34 所示。

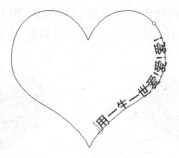

图 9-34　文字沿路径排列

（6）改变文字在路径上的位置：选择"路径选择工具"，将其移动到小圆圈标记处，根据位置不同就会出现 光标和 光标，它们分别表示文字的起点和终点，如图 9-35 所示。如果两者之间的距离不能完全显示其文字，终点标记将变为 ⊕，表示有部分文字未显示，如图 9-36 所示。

图 9-35　文字路径的位置　　　图 9-36　路径上的未显示文字

提示：形成路径文字后，其自身已"复制"了基础路径信息，与之前的基础路径并没有关联。修改或删除基础路径都不会对其造成影响。

（7）如果将起点或终点标记向路径的另外一侧拖动，将改变文字的显示位置，同时起点与终点将对换。如图 9-37 所示。将起点往右下方拖动，文字从路径内侧移动到了路径外侧。

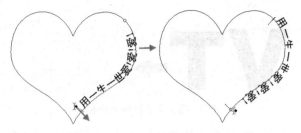

图 9-37　改变文字的起始位置

（8）文字沿路径走向一个特点就是它都是以路径作为基线的，无论是内侧还是外侧，文字的底端始终都以路径为准，如果需要将文字排列在一个比现有的心形路径更大（或更小）一些的心形路径上，只需要在字符调板中更改竖向偏移🔼的数值，就可以达到效果。如图 9-38 所示为将英文图层中竖向偏移的数值设置为 −20px 所形成的效果。

作品内容：形成文本沿路径变形排列填充效果，文字样式效果。

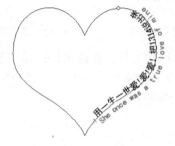

图 9-38　沿路径排列两列文字的效果

（9）现在大家可自己尝试在原有的心形路径上排列多个文字图层，并将颜色、字号、字体、竖向偏移等选项各自调整，形成错落有致的效果。另外也可以隐藏形状填充层并更改相应文字的颜色，形成如图 9-39 所示效果。

提示：要对另一图层使用相同的投影设置，可将"图层"调板中的"投影"图层拖动到另一图层。松开鼠标按钮后，Photoshop 会将投影属性应用于该图层。

图 9-39　文字沿路径排列的效果

2．文字转路径

可以将文字转换为矢量路径或带矢量蒙版的形状图层，从而得到封闭路径。方法是选择相应的文字图层，执行"图层" > "文字" > "转换为路径"命令，这样就得到原文字路径，如图 9-40

所示。

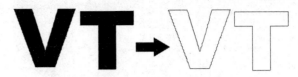

图 9-40　文字转换为路径

练习目的：通过字母 A 转换编辑为标志图形路径实例，掌握文字转路径的常用方法。

（1）选择文字工具在图像中输入"A"字母，字体为"Arial Black"，如图 9-41 所示。

（2）执行"图层">"文字">"创建工作路径"命令。回到图层调板，将文字层删除。如图 9-42 所示。

图 9-41　建立文字图层　　　图 9-42　文字图层转为文字路径

提示：无法基于不包含轮廓数据的字体（如位图字体）创建工作路径。

（3）选择矩形形状工具，在选项栏选择"创建路径"，路径运算设置"重叠区域除外"，在图中依据原文字轮廓创建如图 9-43 所示的矩形路径。

图 9-43　两路径运算

作品内容：变形填色文字 logo 标志。

（4）在工具箱选择"直接选择工具"，对工作路径形状进行编辑，如图 9-44 所示。

（5）按 Ctrl+Enter 组合键，将创建好的路径转换为选区，填充为红色，如图 9-45 所示。

《试题汇编》8.4 题使用此文字转换路径范例。

图 9-44　编辑路径形状　　　图 9-45　填充红色

9.8　样题解答

　　（1）新建文件，填充米黄色（#f3f3d7），Arial Narrow 字体、25 点大小的绿色（#669f58）字符"COEUR DES VINS"，如图 9-46 所示。

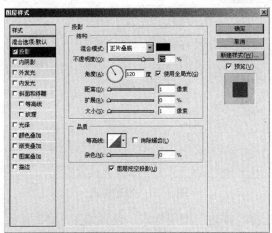

图 9-46　输入文字

　　（2）双击文字图层打开图层样式对话框，设置投影，如图 9-47 所示。

图 9-47　投影样式

　　（3）文字投影效果如图 9-48 所示。

图 9-48　投影效果

　　（4）使用钢笔工具勾画路径，如图 9-49 所示。

图 9-49　绘制路径

（5）选择文字工具，在路径首端单击，输入黑体、12 点大小的 50% 黑色字符"自然清香　香浓醇正　温和圆润　滑润芳香　香味持久不散 ..."，如图 9-50 所示。

图 9-50　在路径上输入文字

（6）双击文字图层打开图层样式对话框，设置投影，如图 9-51 所示。

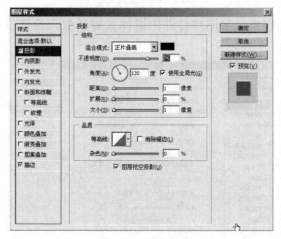

图 9-51　投影样式

（7）选择"描边"图层样式，设置如图 9-52 所示。

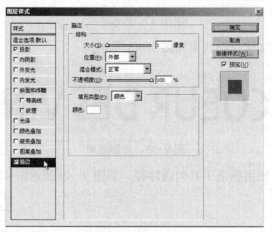

图 9-52　描边样式

（8）文字图层样式效果如图 9-53 所示。

图 9-53　文字图层样式效果

(9) 输入 Comic sans ms 字体、60 点大小的黑色"红葡萄酒"字符，将文字作艺术处理，效果如图 9-54 所示。

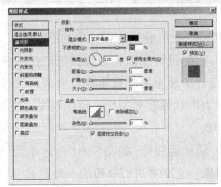

图 9-54　输入文字

(10) 双击文字图层打开图层样式对话框，设置投影，如图 9-55 所示。

图 9-55　投影样式

(11) 文字图层样式效果如图 9-56 所示。

图 9-56　文字投影

(12) 合成 logo.jpg 图像，最终效果如图 9-57 所示。

图 9-57　合成效果

第10章 综合实例

通过前面几章的学习，大家已经对 Photoshop 的使用方法有了基本掌握。

本章通过实例体会 Photoshop 设计的无穷魅力和强大功能。

本章导读：

本章的实例将第 2 章～第 9 章的多个教学案例组合成一个真实的企业项目综合实训任务，并在该综合实训任务的讲解过程中尽量突出真实的企业环境、真实的企业项目，使案例贴近我们的生活，具有较强的现实指导意义。本章所涉及的案例，既对应于所属章节的技能点，同时该案例又是本章综合案例的一个环节。

10.1 设计思路

下面以招贴海报的实例来了解 Photoshop 在实际设计中的应用。

招贴海报——视觉艺术的奇葩，它的设计原理和表现技法广泛而全面，最能体现出平面设计的形式特征，具有视觉设计中最重要的基本构成要素，其设计理念、表现手段及技法较之其他广告媒介更加具有时代性和典型性，超越电视、报纸、杂志广告，成为媒体工程的象征性的重要存在形式。

招贴设计常用于商品广告、海报、活动通知等，如文艺演出、运动会、展览会的海报，各类活动通知等。招贴设计是通过形象、文字来进行宣传的一种形式，可张贴在橱窗、宣传栏上。由于它具有张贴的场合人流量大、停留时间较短的特点，因此在设计上要求形象必须鲜明突出，颜色对比要强烈，文字要简洁明快，具有一定的吸引力，这样才能在短时间里给人留下较深刻的印象。

其实海报也叫招贴画，"招"是指招引大家，"贴"是指张贴在公共场所的意思。张贴在公共场所的，用文字和图片吸引大家，告诉大家一个信息，这样的图片就叫招贴画。

招贴设计有以下特点：

● 主题明确。在招贴画的设计中，招贴的名称要放在画面的显要地方，字体要大些，时间、地点要写清楚，文字可以压在图案的上面。装饰的图案应与主题有关，以突出主题。

● 形式吸引人。招贴画的形式是个人创意的体现，可根据主题内容的需要采取多样的方式。本章实例中的这几张海报都有各自的形式，有的严肃有的活泼，力求别致新颖。

● 色彩鲜明。招贴画的色彩应根据画面特点，在明度、色相等方面作适当的对比，以便更突出主题。如果底色是深色，名称就应该是亮色，如果底色是冷色的，名称就应该是暖色的；反之亦然。

10.2　实例应用

在车站、灯箱、玻璃橱窗等场所常见到正反两面印刷的同一主题的海报，所以我们根据实际需要，在本实例应用中设计两张不同风格同一主题的葡萄酒广告，形成正反两面印刷的海报，成为一个完整的作品。

10.2.1　海报正面

本例用到的图片等素材文件多为本书前面几章例题的操作结果。

（1）打开素材文件夹下 Unit10\X6-20.jpg 作为背景，如图 10-1 所示。

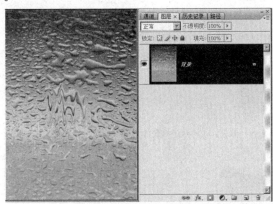

图 10-1　水珠背景图像

（2）载入素材文件夹下 Unit10\X1-20.psd 树叶文件，如图 10-2 所示，调整位置和大小。

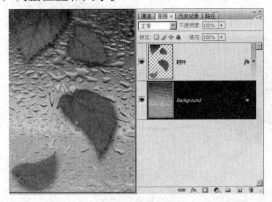

图 10-2　树叶图层

（3）载入素材文件夹下 Unit10\X2-20.psd 葡萄串图像，放置葡萄串至图像左上部，缩放大小至合适，调整位置，放在"树叶"图层下面，如图 10-3 所示。

本实例是前面几章样题范例的组合，形成一个完整的作品。

提示：如果简单复制素材，形成　样的树叶，不符合植物的自然效果，所以需要将树叶变形处理。

提示：复制、翻转葡萄串，放置不同位置、角度，显露不同的区域。

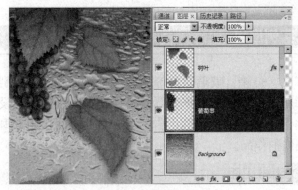

图 10-3　葡萄串图层

（4）复制"葡萄串"图层为"葡萄串复制 1"，放置在图像顶部，如图 10-4 所示。

图 10-4　复制葡萄串

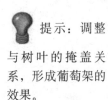

提示：调整与树叶的掩盖关系，形成葡萄架的效果。

（5）继续复制"葡萄串"图层两次，作为"葡萄串复制 2""葡萄串复制 3"。对称翻转，同样放置在图像顶部露出部分区域，调整两个复制图层置于"树叶"图层上面，如图 10-5 所示。

图 10-5　继续复制葡萄串

　　（6）载入素材文件夹下 Unit7\cup.jpg 图像，如图 10-6 所示。选择图章工具，复制葡萄酒至 Unit10\X5-20.psd 文件的"酒杯"里面，复制过程中可以考虑建立酒杯选区，避免涂抹至酒杯外侧。

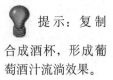

提示：复制合成酒杯，形成葡萄酒汁流淌效果。

图 10-6　复制葡萄酒

　　（7）同样方法复制酒水流柱至玻璃酒杯的上方，液化变形滤镜处理，上方与葡萄串结合，下方至酒杯内，如图 10-7 所示。

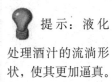

提示：合成葡萄汁到葡萄酒处流淌效果。也是本实例的创意之处。

提示：液化处理酒汁的流淌形状，使其更加逼真。

图 10-7　液化葡萄酒汁

　　（8）调整酒杯图层混合模式为"强光"，制作酒杯底座投影，效果如图 10-8 所示。

图 10-8 制作酒杯底座投影

提示：本实例通过从葡萄中流出果汁的创意效果，形成原汁原味、自然清香的意境，形成完整的广告创意效果。

10.2.2 海报反面

（1）新建文件宽高分别 591 像素和 835 像素，填充米黄色（#f3f3d7）背景。

（2）创建宽高分别 371 像素和 22 像素的渐变条（#ffffff、#fbe3af、#aa3416、#f99a02），放置于图像右中部。

设置米黄色背景，形成海报主色调。

（3）置入素材文件夹下 Unit10\ratafee.jpg 图像，放置右下角，调整合适的大小，如图 10-9 所示。

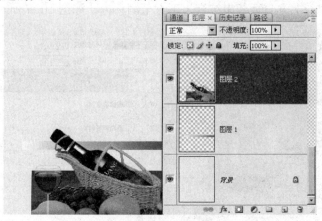

图 10-9 置入水果图像

（4）置入素材文件夹下 Unit10\bottle.jpg 图像，放在图像左下角处，调整其大小，如图 10-10 所示。

准备葡萄酒素材，调整葡萄酒素材图位置，形成海报的主题。

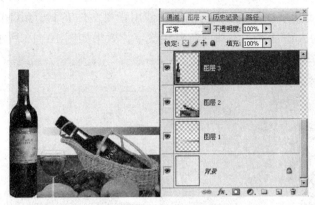

图 10-10　置入酒瓶图像

（5）置入素材文件夹下 Unit10\X8-20.psd 中的艺术变形字体和 Logo 图标，如图 10-11 所示。

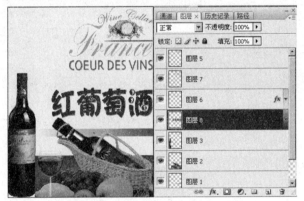

图 10-11　添加文字效果

提示：制作艺术字题，形成与画面相适应的广告词。

读者可根据素材文件及创意思路，尝试改变背景，尝试改变风格，获取不同设计效果。置入素材文件夹下 Unit10\fazen-da.jpg，放置在图像中心，调整大小，关闭部分文字效果，如图 10-12 所示。

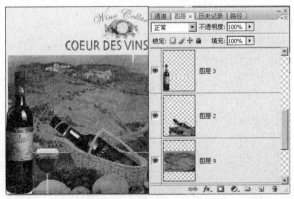

图 10-12　更换背景

提示：更改葡萄庄园背景图像，形成葡萄园的绿色食品——自然果汁酿造的意境。

提示：更换
人物背景，形成佳
酿醉人的象征，强
化了主题，增强视
觉冲击力。

关闭文字和 Logo 图标图层。使用素材文件夹下 Unit10\girl.
jpg 作为人物背景，添加白色路径文字，效果如图 10-13 所示。

图 10-13　人物背景